兔产品实用加工技术

主　编
向　前

副主编
向道远　向凌云

编著者
姜继民　刘荣霞
王　敏　苑怡文

金盾出版社

内 容 提 要

本书由河南省科学院生物研究所向前副研究员主编。内容包括：概述，兔肉的营养价值和活兔的屠宰技术，兔肉风味调制技术，兔肉冷冻加工技术，兔皮加工技术，兔粪的加工和利用，兔产品加工设备等。文字通俗易懂，内容科学实用，可操作性强，适合大、中、小型兔肉加工企业技术人员以及各农业院校相关专业师生阅读参考。

图书在版编目(CIP)数据

兔产品实用加工技术/向前主编.—北京：金盾出版社，2009.12
ISBN 978-7-5082-5944-4

Ⅰ.兔…　Ⅱ.向…　Ⅲ.兔—畜产品—加工　Ⅳ.TS251

中国版本图书馆 CIP 数据核字(2009)第 145692 号

金盾出版社出版、总发行
北京太平路 5 号(地铁万寿路站往南)
邮政编码:100036　电话:68214039　83219215
传真:68276683　网址:www.jdcbs.cn
封面印刷:北京精美彩色印刷有限公司
正文印刷:北京军迪印刷有限责任公司
装订:第七装订厂
各地新华书店经销

开本:850×1168 1/32　印张:6.5　字数:162 千字
2010 年 10 月第 1 版第 2 次印刷
印数:8 001～14 000 册　定价:11.00 元

目　录

第一章 概 述

家兔是草食小家畜，饲养家兔投资少、见效快、效益高，且立体笼养很适合农民发展庭院养殖，是贴近农民，走进农家庭院，给农民带来经济效益，解决农民增收难的好项目。

第一节 我国养兔业的发展现状

一、兔肉产品开发拉动肉兔生产发展

我国民间在20世纪50～60年代还不吃兔肉，并且流传着孕妇吃兔肉所生婴儿是兔唇的说法，加之我国汉族人民占绝大多数，习惯于吃猪肉和鸡肉，不习惯于吃牛羊肉和兔肉。随着科学知识的普及、社会的进步、物质的丰富，兔肉的营养价值被消费者所认识，所以近几年兔肉的消费量呈逐年增长的趋势，且越是经济发达、物质文明和精神文明程度高的地方，兔肉消费越大。沿海各省消费量高于内地，大城市高于中小城市，中小城市高于农村。

但是，随着经济发展，社会节奏加快，社会程度也越来越高，购买鲜肉烹制熟食的人家越来越少，特别是年轻人更是如此，吃现成食品的人数占有很大的比例，所以鲜兔销售迟滞，而加工成风味熟食则非常畅销。城市出现了兔肉加工制品，有些酒店还以兔肉为原料制作兔肉全席，销售形势非常好。而迎合青年人口味加工成各种风味熟食品，更有畅销的趋势，而且销售利润也比较高，很多人看准了这一行业的商机，但苦于没有这方面的技术，或者知道哪里有技术，但技术转让费很高而不能从事这一行业。如能将兔肉加工技术普及到社会，从事兔肉加工的企业和个人多了，则兔肉的

消费量就大了，由消费带动生产，即可促进养兔业的大发展。

二、兔皮产品开发拉动皮兔生产发展

20 世纪 80 年代以前，世界毛皮市场在欧洲，后来由于劳务费和环境保护问题，逐渐转向我国香港地区，且由香港地区辐射到广东省南部。20 世纪 90 年代以后，由于同样的原因又从香港地区向我国内地转移，目前我国已形成八大毛皮市场，成为世界毛皮生产大国。

河北省蠡县留史镇是亚洲最大的原料皮集散地，有大型货栈 200 多家，商户上千家，几乎控制了全国的狐皮和貂皮，经过他们加工，转手再销往俄罗斯、日本和韩国，而国产獭兔皮专业村则每年都贮备大量的獭兔皮。每天上市交易人数达 4 万～5 万人，年销售额达 100 亿元人民币。

河北省肃宁县尚村镇是我国最大的细毛皮交易市场，其中獭兔皮和獭兔皮制品为主要商品。每天上市交易的皮张达 3 万张以上，年销售额达 30 亿元以上。

河北省枣强县大营镇也是一个重要的毛皮集散地，主要经营和加工兔皮，他们主要把兔皮鞣制加工成兔皮褥子等产品，形成规模，开拓市场，稳定销售。

河北省辛集市在石家庄以东 80 千米处，主要经营细皮，如水貂皮、狐狸皮、貉皮、獭兔皮等，主要产品是毛领和皮帽，其中獭兔皮以领子路的皮居多。

北京市大红门毛皮市场位于北京市木樨园，这里除了是毛皮集散地外，还集中了很多毛皮加工企业，主要经营进口水貂皮和狐狸皮以及国产狐皮、貉皮、獭兔皮。

北京市雅宝路裘皮市场位于北京市雅宝路，主要经销裘皮制品。

浙江省桐乡县崇福镇毛皮市场主要从事各种裘皮服装的加工。

广东省惠州市毛皮市场主要经营兔皮并从事皮张的加工。

每个毛皮市场周围都有几十家、上百家的硝染企业或加工企业，产品销售到欧洲一些国家和俄罗斯、日本、韩国等。目前獭兔皮加工产品仍然处于供不应求的阶段，产品大部分出口。现在有些地方正促进地方养兔及兔产品加工产业运作，当产品生产量大了以后，价格便会趋于合理，消费量就会更大，进一步拉动养兔生产。近几年来，我国獭兔年生产量在600万只左右，如果开拓了国内消费市场，年生产量可以突破1 000万只大关。

三、兔毛产品开发拉动长毛兔生产

我国于1954年开始出口兔毛，开始了兔毛的商品生产。但是长期以来我国兔皮的销售依赖出口，国际经济形势的变化直接影响国内兔毛的销售。所以，兔毛销售量常常出现周期性波动。目前，我国科研人员已研究解决了兔毛织品起球、缩水、发皱等三大国际难题，国内已经建立起一批以兔毛为原料的毛纺厂，兔毛完全以原毛出口的历史已经成为过去，仅长江三角洲地区就建立了十几个兔毛纺织企业，每个纺织企业年消耗兔毛500吨左右，每年增加兔毛消耗量5 000～6 000吨；山东省也建立起一批兔毛纺纱厂，最大的投资上亿元人民币，每年可消耗几千吨兔毛。

随着经济的发展和人们生活水平的不断提高，人们对服饰的追求向着“轻、软、暖、爽、美”的方向发展，兔毛织品恰恰具备了这五方面的优点，是棉花、化纤、羊毛和其他兽毛无法比拟的。兔毛纤维平均细度为14～15微米，所纺的纱细度可达80～120支纱，用其制成的纺织物轻、薄、柔且滑爽，染后色泽美观，深受高消费人群的青睐。而且兔毛由于其结构特殊，吸水性能强，吸收度可达60%，用兔毛纺织的布制作出的夏装可用最快的速度将汗水挥发，从而降低人体的湿度，是高消费人群夏装的时尚面料，需求量越来越大。

第二节　我国发展养兔业的前景

一、养兔业是发展节粮型畜牧业的首选项目

我国是一个人多地少的国家，人均耕地面积不足1000米^2，为世界人均耕地面积的1/3。也就是说，我国用占世界耕地面积7%的土地，养活占世界人口22%的人口，这在世界上是一个创举，为人类的生存和发展做出了贡献。

从我国人民人均占有耕地的情况来看，我国粮食产量相对不足是客观存在的，为解决我国人民的肉食需要，提高我国人民动物性蛋白质的占有量从而提高国人的身体素质，我国必须走节粮型畜牧业的发展道路。

节粮型畜牧业包括养牛、养羊、养兔、养鹅，兔因繁殖力强、生长快、饲料转化率高，是增加肉食来源最好的途径，对满足人民对肉食的需要具有重要的意义。20世纪80年代国外对肉用兔做了一项研究，1只母兔在良好的饲养管理条件下，1年可以育成40只青年兔，按这样的繁殖力计算，在40个月的时间内，1只母兔连同其后代可生产600吨兔肉，而在同样的时间内，1头母牛只能生产450千克牛肉，1头母猪只能生产19吨猪肉。因此，发展养兔生产肉类的增长速度比饲养其他任何家畜生产肉类都要快，是节能型畜牧业的首选项目。

二、兔肉营养丰富，是目前人们喜爱的肉食品

兔肉与其他畜禽肉相比，其营养具有“三高三低”的特点，即高蛋白、高赖氨酸、高磷脂，低脂肪、低胆固醇、低热量。鲜兔肉蛋白质含量占21.37%，以干物质计算，兔肉中蛋白质含量高达70%以上，比猪瘦肉高23.7%；赖氨酸含量高达9.6%，比猪瘦肉高14.3%；脂肪含量为8%，与牛肉持平，明显低于猪肉(26.73%)和

羊肉(17.98%),且脂肪中不饱和脂肪酸含量较高,尿酸含量较低;胆固醇含量为 0.65 毫克/克,比猪肉低 94%;钙、铁含量比猪肉高 1.5 倍。兔肉肉质细嫩,易于消化吸收,其消化率高达 85%,而猪瘦肉的消化率为 75%,牛肉的消化率为 68%,羊肉的消化率为 55%,鸡肉的消化率为 50%,兔肉消化率均高于社会消费量大的几种肉类的消化率。

《本草纲目》记载,兔肉性寒、味甘,具有补中益气、止渴健脾、解热凉血、利大肠的功效。现代医学认为,兔肉是中老年人、肥胖人群、心脑血管病患者理想的动物性食品,具有较强的抑制血小板凝聚的作用,常食兔肉可以预防和减少中老年人高血压、动脉硬化、冠心病等心脑血管疾病。另据资料记载,产妇食用兔肉可尽快恢复体力,年轻妇女常食兔肉既能保证身体营养需要,又不致发胖,有利于保持苗条的身材,永葆健美。兔肉中含有人类所需的 18 种氨基酸,矿物质、维生素等也都很丰富,尤其是赖氨酸 、色氨酸以及维生素 B_1、维生素 B_2 和烟酸等 B 族维生素含量均居各种肉类之首,儿童常食可补血、补钙,促进身体生长和脑组织发育。所以,兔肉被人们誉为“保健肉”、“健美肉”、“益智肉”,是《中国营养改善行动计划》倡导发展的肉食。

三、发展养兔业可以促进地方工业发展

兔全身是宝,兔皮毛绒细密、短而平整、皮板薄,鞣制、染色后制成的服饰轻盈柔软,保温性好,颜色美丽多样,制品美观优雅,目前已研制成各种款式服装、披肩、围巾等。

兔副产品也有很大的开发利用价值,兔脑可以提取脑磷脂、胆固醇,肝脏可以提取肝注射液、肝再生因子注射液、金属硫蛋白(MT)和肝素,心脏可以提取细胞色素 C,血液可以提取血活素、细胞色素 C,胆汁可以提取胆酸,软骨、胸骨可以提取硫酸软骨素等。兔副产品提取上述物质后留下的残渣,其中的蛋白质并没有遭到破坏,还可以用其作为动物性饲料饲养珍贵毛皮动物。目前,来源

于动物的生化原料药物有160多种，过去都以大家畜脏器作原料，用兔的脏器比较少，原因是兔的规模屠宰厂较少，没有受到重视，但经研究证明，兔副产品中各种生化原料的含量并不比大家畜少，有些甚至超过大家畜，屠宰量大的兔肉加工厂完全可以附设生化制药车间和珍贵毛皮动物饲养场，变废为宝，产生最大的经济效益。

每个乡镇如果采取“一乡一业”、“一村一品”的模式发展养兔生产，若乡镇中有1000户农民养兔，每户常年饲养50只基础母兔，育成1500只商品兔，则全乡镇每年可以生产商品兔150万只，完全可以建起规模较大的兔肉加工企业、兔皮硝染企业、裘皮服装加工企业、生化制品企业、饲料加工企业等，产值可以达到几亿元，税利可以达到2亿多元，对促进地方工业发展可起到重要作用。

四、发展养兔业可以促进农业生产的发展

兔粪是高效的有机肥料，其氮、磷、钾含量比其他畜禽粪便都高。据试验报道，100千克的兔粪相当于10千克硫酸铵的肥效，相当500千克人粪的肥效或1000千克猪粪的肥效。1只成年兔1年可以积肥100千克，相当于1头猪积肥量的1/10，但其肥效与1头猪积肥量的肥效相同。另据试验报道，油菜、花生、芝麻等经济作物施用兔粪，其增产效果要高于施用同样数量其他有机肥的效果，施于果树、茶树、桑树也能大大提高其产量。

兔粪不仅是高效有机肥，而且还有一定的杀菌、灭虫作用。生产实践证明，农田里施用兔粪尿，蝼蛄、红蜘蛛、黏虫等地上害虫的数量会大大减少，棉花地里施兔粪，能防治侵害棉苗的地老虎。兔粪含氮量较高，把兔粪晒干在养蚕的室内点燃，能杀死引起蚕患白僵病的白僵菌。在鱼塘里施用兔粪，可以促进水中浮游生物的生长，培肥水质，提高单位面积的鱼产量。

养兔多，则兔粪尿就多，农田可施用的兔粪也会增加，可以改

善施用化肥造成的土壤结构恶化现象，增加产量，促进农业持续发展。

鉴于以上几方面优势，加上近几年口蹄疫、禽流感等传染病屡屡发生，养猪、养鸡发展幅度不大，而养兔业和兔产品加工业技术和市场日渐成熟，具有很大的发展前途。

第三节　我国养兔业的形成和发展

一、我国养兔业的形成

我国养兔具有悠久的历史，殷墟墓葬发掘出土的动物骨骸中就有兔的骨骼，出土的甲骨文中有兔的象形字，距今已有 3 000 多年的历史。以后的古书中对兔也有较多记载，证明我国当时不仅有穴兔，而且已把它驯化为家兔。而欧洲人最早是在 16 世纪法兰西修道院开始养兔的，其养兔历史比我国晚得多。

新中国建立以前，我国虽然也建立了养兔场，提倡养兔，但当时农民养兔没有保证，缺少收购加工部门，社会上也没有吃兔肉的习惯，所以兔肉除了自食以外，没有销路，养兔只能卖一些兔皮，所以养兔业发展不起来。新中国建立以后，由于党中央和政府的重视，我国养兔业有所发展。肉兔、毛兔的商品生产都得益于 20 世纪 50 年代开始的对外出口，从此开始了商品兔生产。我国 1957 年对英国出口 308 吨冻兔肉，占当年世界兔肉贸易量的 0.05%。到 1967 年我国对欧洲国家出口冻兔肉 8 500 吨，占当年兔肉世界贸易量的 57.5%，超过了澳大利亚，跃居世界第一位。1979 年是我国兔肉出口量最多的一年，达到 43 500 吨，占当年世界兔肉贸易量的 70%，奠定了我国兔肉销售大国的基础地位。从 1979 年至 1985 年，我国每年兔肉销售量在 5 万吨左右，以出口为主；1987 年以后我国兔肉年生产量达 10 万吨以上，年出口量下降到 2 万吨，转向以内销为主。2000 年我国生产兔肉 46.08 万吨，但出口量只有 2.23 万吨，出口量只占生产量的 4.8%；2005 年我国商品兔出栏 40 882.96 万只，生产兔肉 57.85 万吨，但出口量只有 2 万吨左右，出口量只占生产总量的 3.5%，绝大部分兔肉都是国内消费。四川、广东、福建等省已形成消费兔肉的习惯，四川省 2005 年消费兔肉 19 万吨，占全国兔肉生产量的 1/3。

我国长毛兔的商品生产也是从出口开始的，1954 年我国开始出口兔毛，当年只出口了 0.4 吨，占当年世界贸易量的 0.3%；1959 年全国收购兔毛 540 吨，出口 335 吨，上升为世界贸易量的 17%；1969 年兔毛出口量达到 1 250 吨，占当年世界贸易量的 78%；1979 年全国收购兔毛 3 515 吨，出口 2 675 吨，占当年世界贸易量的 92%，从此我国兔毛生产在世界上一直占有绝对优势。目前，全国饲养长毛兔的省、直辖市主要有上海、天津、山东、江苏、浙江、安徽、河南、山西、陕西、四川等，兔毛及兔毛产品主要销往德国、意大利、美国、法国、荷兰、加拿大、墨西哥、澳大利亚、新西兰、日本等，成为我国出口创汇超亿美元的 48 个主要商品之一。

獭兔是 1919 年在法国发现的短毛突变体，经培育于 1924 年巴黎国际家兔博览会展出，轰动养兔界。我国于 1936 年正式从日本引种，但由于种种原因没有发展起来。20 世纪 50 年代又从苏联引种，但也没能形成商品生产。1979 年香港皮毛商包起昌先生从美国首批引进 144 只种獭兔，在浙江省定海市金塘饲养。1980 年中国土产畜产进出口总公司又从美国引进种兔 800 只，分散饲养在北京、天津、浙江、山东、山西等省、直辖市。1986 年中国土产畜产进出口总公司又接受美国国泰裘皮公司赠送的 300 只獭兔。此后，四川、北京、山东等地又陆续引进獭兔 600 多只，至今全国已引进獭兔种兔 4 000 多只，普及到全国各地。2000 年以来，每年商品兔生产量都在 600 万只以上，形成了一个獭兔产业。

二、我国养兔业的发展

家兔是草食小动物，以食草为主，食精饲料为辅，可以广泛利用各地饲料资源，很适合农户饲养，现在一些乡镇已经把养兔与建设小康村结合起来，按“一乡一业”、“一村一品”的模式推广养兔，同时建立龙头加工企业收购农户饲养的兔，经过加工将其变为商品推向市场。

目前，兔肉、兔皮、兔毛的加工技术日渐成熟，加工的花色品种多、质量高，很受消费者欢迎，消费量逐年增加；兔皮鞣制、染色技术水平大幅提高，产品远销俄罗斯、日本、韩国等国家。1999 年我国肉兔饲养量达 3 亿只，出栏 2.8 亿只，年终存栏 1.2 亿只，生产兔肉突破 30 万吨；2005 年肉兔饲养量达 6 亿只以上，年终商品兔出栏 4.09 亿只，存栏 2.3 亿只，生产兔肉 57.85 万吨，6 年时间生产量增加近 1 倍。

第二章　兔肉的营养价值和活兔的屠宰技术

第一节　兔肉的营养价值

兔肉与其他畜禽肉相比，其营养成分具有“三高三低”的特点，即高蛋白、高赖氨酸、高磷脂，低脂肪、低胆固醇、低热量。鲜兔肉蛋白质含量为 21.37%，以干物质计算兔肉中的蛋白质含量高达 70%以上，而猪肉为 15.54%，牛肉为 20.07%，羊肉为 16.35%，鸡肉为 19.5%；兔肉赖氨酸含量为 9.6%，而猪肉含量为 3.7%，牛肉含量为 8%，羊肉含量为 8.7%，鸡肉含量为 8.4%；兔肉脂肪含量为 8%，而猪肉含量为 26.73%，牛肉含量为 15.85%，羊肉含量为 17.98%，鸡肉含量为 7.8%；兔肉胆固醇含量为 0.65 毫克/克，而猪肉含量为 1.26 毫克/克，牛肉含量为 1.05 毫克/克，羊肉含量为 0.6 毫克/克，鸡肉含量为 0.78 毫克/克；兔肉消化率为 85%，而猪肉为 75%，牛肉为 68%，羊肉为 55%，鸡肉为 50%。另外，兔肉矿物质含量也比较高，特别是锌、铁、钙的含量比较高，儿童长期食用有利于生长发育和智力发育。

中老年人常食兔肉可以防止发胖，防止发生动脉硬化，预防心脑血管疾病的发生；对已患脑血管病、肥胖症的人群来说，兔肉又是理想的肉食品。兔肉胆固醇含量低，磷脂含量高，具有较强的抑制血小板凝聚作用，可降低心肌梗死和脑梗死的发生率，所以被称为“保健肉”。年轻妇女常食兔肉既能保证营养需要，又不使人发胖，有助于保持苗条的身材。兔肉中含有人类所需的氨基酸、矿物质和维生素，尤其是赖氨酸、色氨酸以及维生素 B_1、维生素 B_2 和烟酸等 B 族维生素含量均比其他畜禽肉丰富，具有滋补、保健作用。国内外消费者公认兔肉有“保健、健美、益智”三大功能，是《中国营养改善行动计划》倡导发展的肉类商品。

第二节　活兔的屠宰技术

一、活兔的宰前准备

(一)屠宰前要进行健康检查　为了保证获得的兔肉卫生、安全、品质好，待宰的活兔必须是来自非疫区的健康兔。宰前首先查验来自非疫区的检疫证明，并对待宰兔逐只进行外观检查，确定为健康个体及时送候宰间；发现有受伤的个体或确认不影响肉质的疾病，有死亡危险的，进行急宰；确定有传染病，但传染性不危及人，而该兔还有治愈希望的，可以缓宰；确认患有烈性传染病且对人、畜都有传染性的，不准屠宰，应立即扑杀销毁。

宰前检验一般是在有漏粪网的保养圈内进行的，健康兔脉搏数为 80～90 次/分，体温 38℃～39℃，呼吸次数为 20～40 次/分，眼睛圆而明亮，眼角干燥，精神状态好；白色兔耳色粉红，用手触摸其温度以略高于人体温者为正常；粪便呈椭圆形，大小适中均一，外表有光泽。被毛粗乱、眼睛无神且有分泌物、呼吸困难、不爱活动、站立不稳、粪便稀软或粒小而硬者都要作重点检查，确定患病后，根据患病情况进行相应处理。

(二)宰前应进行停食休息　活兔运到屠宰厂待宰期间，必须停食 8 小时以上，这样有利于运输途中疲劳的恢复。生产实践证明，处于疲劳状态的家兔正常的生理功能受到抑制，抵抗力降低，容易发生细菌性疾病。一旦细菌进入血液，屠宰时放血不完全或贮存不当均可引起胴体腐败，影响肉的品质。另外，疲劳家兔的肌肉组织中代谢产物如组胺等增多，宰后肌肉的胶体状态发生变化，使肌肉中的蛋白质与水的亲和力降低，水分含量降低，肉质不良。同时，可减少消化道中的内容物，防止加工过程中污染胴体，便于处理内脏。保证待宰兔在安静状态下充分休息,可使肝脏中的糖分解成乳酸,乳酸分布于身体各部位,屠宰后能迅速达到尸僵状态,能提高肌肉酸度,从而抑制细菌繁殖。

在停食期间应给待宰兔提供充足的饮水,以保证其正常生理功能不受影响,促进粪便排出,保证放血充分,这样可以获得品质优良的产品。活兔宰前充分饮水也有利于剥皮操作。但在屠宰前 3 小时应停止供给饮水,防止屠宰倒挂放血时胃内容物从食管流出。

二、活兔的宰杀与产品初加工

(一)宰杀工艺

1. 宰杀方法

(1)颈部移位法　实施屠宰的人,用左手抓住兔的后肢,右手握住兔的头部,将兔身拉直,将兔头猛向后翻,然后迅速有力地将兔头推按,兔子因颈椎脱位而死(图 1-1)。

(2)棒击法　左手将兔子的两耳提起,用圆棒猛击兔后脑,待兔昏迷后,立即屠宰剥皮(图 1-2)。

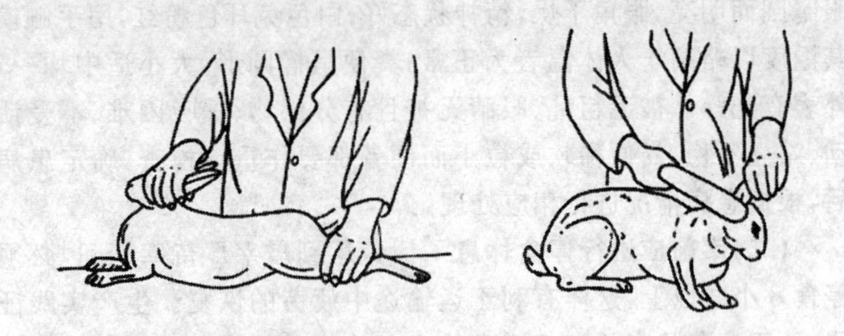

图 1-1　颈部移位法　　图 1-2　棒击法

(3)电麻法　在兔肉加工厂大批生产的情况下,大都采用电麻法。电麻法是用一种电压为 70 伏、电流为 0.75 安的电麻器触及兔的耳部皮肤,使兔昏迷或死亡的屠宰方法。

(4)空气注射法　向兔的耳静脉注射 2～3 毫升空气,使空气栓塞血管，影响血液流通，使兔迅速死亡（图 1-3）。

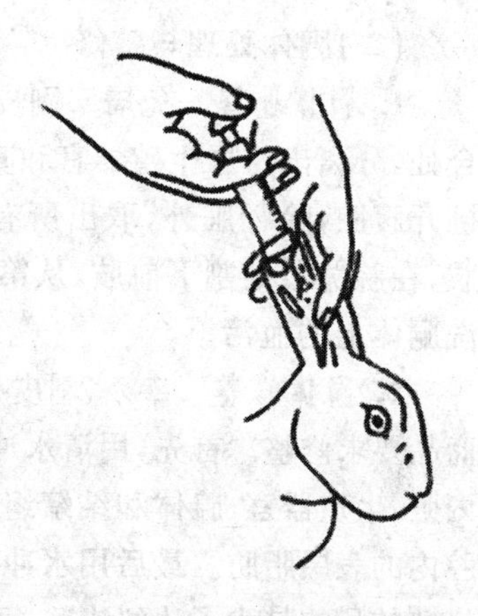

图 1-3　空气注射法

（5）**灌醋法**　取食醋 150 毫升，强行给兔灌服，由于突然改变兔体内的酸碱平衡，造成兔心、肺麻痹而死亡。

2. 放血　兔子死亡后应立即放血，其方法是将死亡的兔子两后腿用铁钩钩牢或用绳拴牢倒挂起来，用小刀切开颈动脉，或用利刀从耳后将头部割下，充分放血。放血时间应不少于 2 分钟，这样可以延长肉质保存时间。

3. 剥皮　放血后的兔应立即剥皮。兔死后趁热剥皮比较容易，除了切开前、后腿关节和挑裆以外，一般不需要刀子。剥皮前，将前肢腕关节和后肢跗关节周围的皮肤切开，再用刀沿大腿内侧腹、背毛分界处，通过肛门后缘从左腿挑至右腿，将后腿皮剥离，向外剥开翻转，肛门周围的皮也挑开，留一小区。剥皮时双手紧握兔皮背腹处，向头部方向用力翻拉（图 1-4）。最后抽出前腿，如已将头割下，则此时筒皮已经剥下。在剥皮时应注意不要损伤毛皮，不要挑破腿肌和撕裂胸肌。

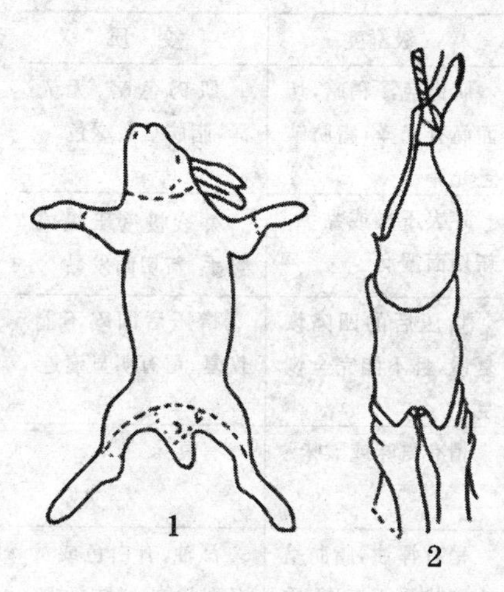

图 1-4　剥　皮

1. 剥皮切割线　2. 向头部方向剥皮

(二)胴体处理与整修

1. 胴体处理 兔屠宰剥皮后，剖腹净膛。先用刀切开耻骨联合处，分离出泌尿生殖器官和直肠，处理好肛门区。然后沿腹中线挑开腹腔，除肾脏外，取出所有的内脏器官。在跗关节处割下后肢，在腕关节处割下前肢，从第一尾椎处割下尾巴，最后用清水清洗胴体上的血污。

2. 胴体修整 宰杀、剥皮和内脏出腔后的胴体，需要进一步按商品要求修整。首先，用清水冲净胴体上的血污，然后除去残余的内脏、生殖器官、腺体和结缔组织。另外，还应摘除气管和胸腔、腹腔内的表层脂肪。最后用水冲洗胴体上的血污和浮毛，沥水冷却。修整的目的是为了达到洁净、完整和美观的商品要求。

(三)兔肉的质量要求 食用兔肉的肉质要求新鲜，色泽正常，无异味、无残毛、无淤血、无杂质，感官指标应符合国家《鲜牛肉、鲜羊肉、鲜兔肉卫生标准》(GB 2723-81)要求(表 2-1)。

表 2-1 新鲜兔肉感官质量标准

项 目	一级鲜度	二级鲜度	变 质
色 泽	肌肉有光泽，红色均匀，脂肪洁白或呈淡黄色	肌肉色泽稍暗，切面尚有光泽，脂肪缺乏光泽	肌肉色暗、无光泽，脂肪呈黄绿色
黏 度	外表微干或有风干膜，不黏手	外表干燥或黏手，新切面湿润	外表极度干燥或黏手，新切面发黏
弹 性	指压后的凹陷立即恢复	指压后的凹陷恢复慢，且不能完全恢复	指压后凹陷不能恢复，留有明显痕迹
气 味	具有鲜兔肉的正常气味	稍有氨味或酸味	有臭味
煮沸后的肉汤	透明澄清，脂肪团浮于表面，具有香味	稍有浑浊，脂肪呈小滴状浮于表面，香味差或无鲜味	浑浊，有白色或黄色絮状物，脂肪极少，浮于表面，有臭味

(四)带骨兔肉的分级标准和去骨兔肉的分割部位

1. 带骨兔肉的分级标准 带骨兔肉按重量分级,参考出口规格要求,共分 4 级。

(1)特级 每只胴体净重在 1 500 克以上。

(2)一级 每只胴体净重在 1 001～1 500 克。

(3)二级 每只胴体净重在 601～1 000 克。

(4)三级 每只胴体净重在 400～600 克。

2. 去骨兔肉的分割部位

(1)前腿肉 自第十或第十一肋骨间切断,剔出椎骨、胸骨、肩胛骨,沿脊椎骨劈成左、右两半。

(2)背腰肉 自第十或第十一肋骨间向后至腰荐处切开,剔出胸椎和腰椎,劈成两半。

(3)后腿肉 自腰荐骨向后至膝关节进行分割,剔出荐椎、尾椎、髋骨、股骨、胫骨和胫腓骨上端,沿荐椎中线劈成两半。

(五)内脏检验 以车间检疫员的肉眼检验为主,工具为犬齿镊子和小型剪刀。

1. 检验程序 先从肺部开始,注意肺脏和气管有无炎症、水肿、出血、化脓或小结节,但不需剖检支气管和淋巴结。第二步检查心脏,看心外膜有无出血点、心肌有无变性等。第三步检查肝脏,注意其硬度、色泽、大小和肝组织有无白色或淡黄色小结节,肝导管和胆囊有无炎症和肿大,必要时剪开肝导管和胆管,用刀背压出其内容物,以便发现吸虫和球虫卵囊。当家兔患有传染病或寄生虫病时,肝脏大多会发生病变,因此对肝脏要认真检查,必要时多设一位复检员。

心脏、肝脏、肺脏的检查,主要检查寄生虫,如球虫、线虫、血吸虫、钩虫,以及结核病等。

胃、肠的检查,主要检查黏膜病变,看有无炎症、出血、脓肿等病变。

脾脏检查,观察其大小、色泽、硬度,注意有无出血、充血、肿大和小结节等病变。

2. 胴体检验 宰后胴体检验是最后一道环节，为保证产品质量要把好最后一道关。检验时必须逐只细心观察。一般可分为初检和复检2个环节。

(1)*初检* 主要检查胴体的体表与胸、腹腔有无炎症，对淋巴结、肾脏主要检验有无肿瘤、脓疱等。

(2)*复检* 对初检后的胴体进行再次检查，这一环节是卫生检验的最后一关。在操作过程中，要特别注意检查工作的消毒，严防污染。

胴体检查时，将胴体放在操作台上，用镊子与剪刀拨开胸、腹腔，检查有无炎症、出血、化脓等病变，并注意有无寄生虫。同时，检查肾脏有无充血、出血、变性、脓肿和结节等病变。检查前肢和后肢内侧有无创伤、脓肿，然后将胴体转向背面，观察各部位有无出血、创伤和脓肿。同时，注意观察肌肉颜色。正常肾脏呈棕红色、正常肌肉为淡粉红色，深红色或暗红色则属放血不完全或老龄兔。

检查后，按可食用、不适合食用、高温处理等分别放置。在检查过程中，除胴体上的小伤斑应进行必要修整外，一般不应划破肌肉，以保持兔肉的完整与美观。

在兽医卫生检验过程中，经常检出患有不同传染病或寄生虫病的兔，对于这些病兔的胴体，应根据我国肉食品检验规定和出口要求做不同处理。

(六)屠宰后兔皮的初加工

1. 清理 将剥下的鲜兔皮用剪刀自腹部中间直线细心准确挑开，剪去尾巴，用木制、竹制刮刀清理除去皮上的肌肉和脂肪(图1-5)，清理被毛上的脏物。

2. 防腐 刚从兔体上剥下来的生皮称鲜皮，鲜皮防腐是兔皮初加工的关键。主要的防腐方法有3种，即干燥法、盐腌法和盐干法。

(1) **干燥法**　自然干燥时，将鲜皮按其自然皮形，皮毛朝里、皮板朝外固定在木板上，晾在不受日光暴晒、通风阴凉的地方。温度低于20℃时，由于水分蒸发缓慢，干燥时间长，会使皮张腐烂，这时可以放在室外架起的焊接网上，皮毛朝上、皮板朝下平放晾晒，可使水分蒸发得快一些。但温度超过30℃时，皮张表面水分干燥过快，会导致皮张变硬，同时影响内部水分蒸发，易导致皮内腐败。采用干燥法防腐操作简便、成本低、皮板清洁、便于贮藏和运输，但干燥条件不良时，易使皮张受损。

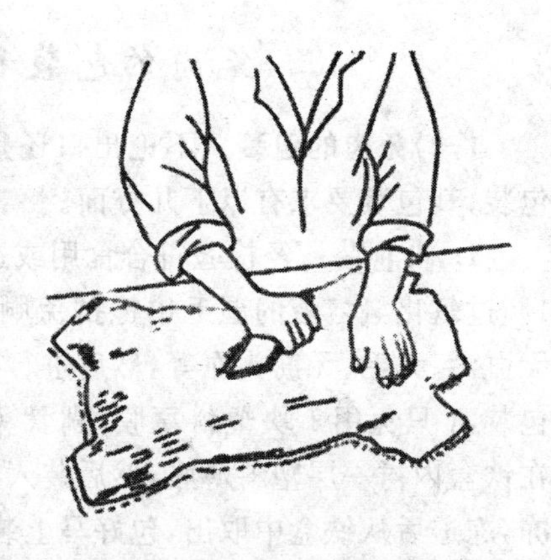

图 1-5　用刮刀清理除去皮上的肌肉和脂肪

(2) **盐腌法**　用盐量一般为皮张重的30%～50%，将盐均匀地撒在皮板上，然后将撒过盐的两张皮皮板相对，放置7天左右，使盐逐渐渗入皮内，达到防腐的目的。使用这种防腐方法的兔皮板呈灰色，紧实而富有弹性，湿度均匀，适于长时间保存。缺点是阴雨天容易回潮。

(3) **盐干法**　是盐腌和干燥两种方法相结合的防腐方法。即先将盐均匀地撒在皮板上，不留无盐面，然后再晾干。盐腌后的兔皮水分含量降至20%以下，便于干燥。盐干皮便于贮存和运输。主要缺点是会影响真皮天然结构而降低原料皮质量。

3. 保管　兔皮晾干后还要检查整个皮张是否干透，以免霉烂。干透的皮张毛面对毛面、板面对板面叠合在一起，每20张为1扎，存放在阴凉、通风、干燥处。为防止虫蛀，可在板面上撒少量防虫剂，如樟脑球等，并要经常检查，以防腐败和脱毛。

三、兔肉的包装和冷冻贮藏

(一)兔肉的包装 不论出口还是国内调运,都需要有较好的包装,其包装要求有以下几方面。

1. 内包装 经检验符合食用或达到出口要求的胴体,用蘸过1%过氧化氢溶液的湿毛巾擦拭兔胴体体表和胸、腹腔,使其达到无血污、无毛、无筋头血等,然后进行整形,整形后用塑料薄膜进行包装,1 只兔用 1 块塑料薄膜,剔骨兔肉要先制作铁盒,包装时先在铁盒内衬一层塑料薄膜,然后装入兔肉,装够一定重量后进行冷冻,冻透后从铁盒中取出,包好马上装箱送入冷藏库。

2. 外包装 一般用瓦楞纸板制作的包装箱,其大小视包装要求而定,大多是每箱净重 20 千克。出口兔肉箱外应印中、外文对照字样,注明品名、级别、重量、出口公司、地址、注意事项等。分割兔肉在进行外包装前先称取 5 千克为一堆,整块的平堆,零碎的夹在中间,也可以先不冷冻而直接装箱,直接装箱时将每堆分割兔肉用塑料包装袋卷紧,装箱时上、下各 2 卷,在外包装箱内装成"田"字形。带骨兔肉是整只用塑料薄膜卷紧,两前肢尖端插入腹腔,以两侧腹肌覆盖,两后肢须弯曲使形态美观,以兔背向外、头尾交叉排列为好,尾部紧贴箱壁,头部与箱壁留有一定空隙,以利于透冷、降温。

箱外包装带可用塑料或铁皮制成宽约 1 厘米,因铁皮带久贮容易生锈,现在多用塑料包装带。包装带必须干净、卫生,不能有文字、图案、花纹。箱外需要用打包带打成 3 道或 4 道,3 道带的打法为横一竖二,即呈现"卄"形;4 道带的打法是横二竖二,即呈"井"形。

(二)兔肉的冷藏

1. 胴体预冷 自动化屠宰线宰后兔肉温度仍在 37℃左右,同时胴体在尸僵成熟过程中还要释放大量热量,使兔肉温度继续上升,如果在常温条件下长时间放置,微生物的生长和繁殖会使兔肉腐败变质。有试验表明,在室温10℃且不通风的情况下,1昼夜可使兔肉成批变质。给胴体预冷可以迅速排出其中的热量,降低胴体深层温度,并在胴体表层形成一层干燥膜,阻止细菌进入肉内,同时也不利于细菌的生长与繁殖,从而延长兔肉的保存时间,减缓胴体内部的水分蒸发。

预冷间温度最好为－4℃～－2℃,最高不能超过8℃,最低不要低于－6℃,进货以后温度应在0℃左右。预冷间相对湿度大,肉的表面不容易形成干燥膜,同时也有利于细菌生长和繁殖;预冷间相对湿度小时,干燥膜迅速形成,不利于胴体深层热量的散失。因此,相对湿度应控制在85％～90％,临近预冷结束时相对湿度应控制在90％左右,这样既能保证肉的表面形成油样保护膜,又不致产生严重的干耗。预冷2～4小时后即可装箱速冻。

2. 速冻 预冷后兔胴体装箱、打包后进入速冻间。速冻温度在－30℃以下,速冻时间为24小时,彻底冻结以后,转入冻藏间贮存。

3. 冻藏 冻结时速冻间的温度越低,则冻结肉的质量越好。但是,长期贮存冻结肉还要考虑节约贮存成本,因此要考虑贮存温度、贮存后的质量以及贮存时间的关系。生产实践证明,冷藏温度在－20℃～－18℃时,对大部分肉类来说是最经济的温度,在此温度下,肉类贮藏1年仍能保持其商品价值。冷藏相对湿度应保持在90％～95％,前期相对湿度保持在95％,临近结束时降至90％。

四、兔肉品质测定与兔肉保鲜技术

(一)宰后兔肉的变化

1. pH下降 家兔活体肌肉pH为7.4,宰杀后由于乳酸不断积累,引起肌肉pH下降,这是宰后兔肉最重要的变化。一般来说,宰后6～8小时兔肉pH下降至5.6～5.7,约24小时后pH达到5.3～5.7。动物宰后肌肉pH下降速度是不同的,有的动物在放血后 1 小时内肌肉 pH 仅略微下降，以后保持较快的下降速度，最终肌肉 pH 维持在 6.5～6.8 的范围内；另一些动物在放血后 1 小时内肌肉 pH 就迅速下降至 5.4～5.5，最终维持在 5.3～5.6。在胴体的自然体热和代谢产生的热还没有散发之前，酸性变化越快，越容易引起蛋白质变性。而肌肉充分冷却以后，pH 再下降至较低的状态，不会发生蛋白质的严重变性，可见温度对蛋白质有重要影响。

蛋白质变性会使蛋白质的溶解度、结合水和其他蛋白质的能力以及肌肉色素的溶解度降低，对肉的加工不利。pH 过度下降会使肉的颜色呈苍白色，持水力降低，使肉的切面过湿，严重时会有液体从肉的切面渗出。反之，肌肉在转化成食品肉的过程中，如果保持较高的 pH，则会出现颜色发暗、切面干燥的现象，这是因为自然存在的水被蛋白质牢牢锁住了。

2. 宰后产热和散热 动物体的能量代谢是由神经系统控制的，在神经系统控制下才能保持体温恒定，兔也是如此。宰后神经系统失去活力，肌肉中的恒温控制系统被破坏，肌肉中的热量不能迅速通过血液循环带到肺脏和体表散发出去，因此持续代谢的肌肉温度会在放血后迅速提高，升高的程度由代谢产热的速度和持续的时间所决定。糖原快速降解，pH 迅速下降，会产生大量的热，导致胴体冷却速度减缓；肌肉块的大小、所处部位以及脂肪多少，都会影响宰后肉温的升高和散热速度。要避免肌肉中蛋白质变性必须采取加快肌肉散热的措施。所以，活兔在宰杀后，必须迅速剥皮并去除内脏，经修整后立即送到预冷间预冷，其目的是将肌肉中的热量迅速散尽，避免冷冻时出现问题。

3. 胴体的尸僵 尸僵是指在宰后的一定时间内，肉的弹性和伸展性消失，变为紧张、僵硬的状态。这一现象是肌肉向食品肉转化过程中最强烈的变化之一。

4. 兔肉的解僵与成熟 解僵是指活兔在宰后肌肉僵直达到最大限度并维持一定时间后，其僵直缓慢结束、肉质变软的过程。

兔肉解僵时间在0℃～4℃的环境温度下，需3～4小时。肌肉成熟是指尸僵完全的兔肉在冰点以上温度下放置一段时间，其僵直状态解除、肌肉变软、保水力和风味得到很大改善的过程。

5. 兔肉的腐败 兔肉加工过程中如果卫生条件不好，在有较多微生物存在的情况下，加工肉在成熟过程中的分解产物为腐败细菌提供生长、繁殖的营养物质，一旦温、湿度适宜，这些腐败微生物就会大量繁殖而导致肉中蛋白质、脂肪和糖类分解，形成各种低等产物，使肉品质发生本质的变化。

(1)肉中蛋白质的分解 兔肉若被芽孢杆菌属、假单胞菌属等细菌污染，在它们分泌的蛋白酶和肽链内切酶作用下，首先把肉中蛋白质分解成多肽，再经进一步分解而形成氨基酸，氨基酸再进一步分解产生胺类、有机酸类、各种碳酸化合物，肉便表现出腐败特征。由于蛋白质分解所产生的胺类是碱性物质，如氨、伯胺、仲胺和叔胺，这些物质都有挥发作用，产生特殊的臭味。

(2)肉中脂肪的分解 脂肪变质即脂肪氧化酸败的过程。也就是在肉中脂肪酶的作用下脂肪水解成甘油和脂肪酸。脂肪酸进一步氧化分解产生酮、醛、醚、醇、酸等物质，这些物质混合起来形成"哈喇"味。

(3)肉中糖类的分解 肉类碳水化合物含量较低，兔肉中只含0.77%，但是如果肉类变质，其中的糖类氧化分解或酵解，形成的产物会加强肉类的特殊味道。

(二)兔肉品质测定 随着科学技术的发展，目前肉类品质检测均采用高科技手段，即为无损快速检测。

1. 胴体瘦肉率检测

(1)胴体瘦肉率检测仪 可测量兔胴体任何部位的脂肪和肌肉厚度，通过测量预定部位，可得出该部位的瘦肉率；多部位综合分析，可得出整个胴体的瘦肉率。测量过程为手握式探针操作，测量结果准确可靠，已成为工业测量的标准方法。

(2)自动胴体分级仪 是丹麦SFF公司开发的、目前世界上最精确的分级系统，通过对兔胴体进行全自动 3-D 超声波扫描，可测出总瘦肉率，同时可测出大腿、腰部、肩部、腹部的瘦肉率。

(3)超声波胴体分级仪　手握式探针操作，采用超声波测量，测定胴体背膘和肌肉厚度并进行分级。功能与胴体瘦肉率检测仪相同，测量也可以在兔体剖开以前进行。

2. 肉质检测

(1)肌肉 pH 检测仪　该仪器可在屠宰线上使用，也可以在肉制品冷却或冷冻后使用，能精确、快速地测量肉的 pH，还可以用来测量温度。

(2)脂肪测量仪　该仪器为手动操作，在自动屠宰线上测定脂肪质量。可即时读出碘值，利用近红外线反射原理，测出脂肪酸的含量。也可以用于冷冻兔胴体的脂肪测定。

(3)肉色检测仪　这是一种肉色专用检测仪，通过对兔肉颜色的检测，评估其肉质。该仪器可储存 3 000 个测量结果，数据可下载到计算机中。

3. 异物检测

(1)金属检测仪　该种仪器是对兔肉中混入金属异物进行在线检测。当混入金属的兔肉或其他非金属物料通过时，金属检测仪能准确地报警，并通过排出装置自动将金属物质排出。目前，国产产品已有销售，质量相当于德国、日本 20 世纪 90 年代水平，价格为进口产品的 1/5～1/3。

(2)植物或化学纤维检测仪　即中国科学院上海技术物理研究所研制的光电子植物异性纤维自动检测、清除系统，能自动检测并清除肉中的杂物。兔肉中若混有植物纤维或布片、丙纶薄膜、头发等，该仪器能将其选出并送进专设的杂质箱，灵敏度高，能发现 1～2 厘米^2 的杂质并将其清除，检测速度可达每小时 400 千克物料。

(三)兔肉保鲜技术

1. 高压处理保鲜　是一种物理保鲜方法，使用 100～1 000 兆帕的压力(静水压),在常温下或较低温度下对食品进行瞬间加压处理,从而达到灭菌、改变食品的某些理化反应的结果,不但操作安全、耗能低,处理过程中所伴随的化学变化还可以使肉嫩化。

食品在液体介质中,在100～1 000兆帕压力下作用一段时间后,食品中的酶、蛋白质、碳水化合物等高分子物质分别失去活性,变性或糊化,同时杀死细菌起到灭菌作用。在高压过程中,对形成蛋白质、维生素、风味物质等高分子物质的低分子物质的共价链无任何影响,从而使食品仍保持其原有的营养价值、色泽和天然风味。

随着人们对天然新鲜食品认识的提高和冷链的普及,目前国内外冷却鲜肉的消费逐渐取代冷冻肉,已成为市场的主流。鉴于冷却肉在贮存和销售过程中没有专门的杀菌手段,冷藏温度又不足以完全抑制微生物的生长繁殖,因此冷却肉有一定安全隐患。试验证明,在250～300兆帕的压力下处理肉品,不但不影响肉的色泽,而且可使肉嫩化,提高品质,增加肉食的安全性,延长其保质期。因此,冷鲜兔肉可以分割制成小包装,使其符合高压处理条件,经250～300兆帕高压处理后装入冷藏柜,可增加其食用的安全性。

2. 辐射保鲜 也是一种物理保鲜方法,即利用γ射线的辐射能量来杀死细菌,食品内部不会升温,不会引起食品色、香、味方面的变化,能最大限度地减少食品品质和风味的损失,防止食品的腐败变质,又可达到延长保存期的目的。此方法没有化学药物的残留和污染,且比较节省能源,是一种优越的杀菌方法。

新鲜兔肉用密封性能好的食品包装材料采用真空包装后用γ射线5 000戈瑞辐照后,在常温货架上可放置5～10天。

3. 低温兔肉制品保鲜 高温加热肉制品,由于加热温度高,会给肉制品的风味、营养造成一定损失。但它的灭菌效果好,货架期长,适合冷链不健全的市场形势。而低温加热和中温加热的肉制品,可以保全营养,风味和口感也较好,但其加工工艺复杂,在卫生控制上有难度，在整个加工过程中任何一道工序被忽视，都可能造成难以弥补的损失，市场冷链健全，认真进行温度和卫生管理，低温保鲜产品的销售形势还是很好的。

（1）非加热肉制品　我国的腌肉制品（咸肉、腊肉、板鸭、腊兔）不经加热就能保存很久，它们都是生的，进食前需加热处理，严格地说不属于非加热肉制品。真正意义上的非加热肉制品是经过长时间的发酵成熟，在成熟过程中已将微生物杀死，因而可以生食，这在国内还很少见。

（2）低温加热肉制品　所谓低温是相对于高温而言的，一般为80℃，在此温度下，大多数的微生物和旋毛虫都被杀死，可延长肉制品的货架期。

4. 中温加热肉制品　中温加热的温度为85℃～90℃，中间温度应达到75℃～80℃，常用来加工腊肠等各种肠制品。中温加热灭菌要注意温度和时间这两个因素，即根据产品直径大小、质地坚硬还是松软等因素灵活掌握温度和时间，以达到较好的效果。

加热的目的是杀死肉中的病原菌和寄生虫，以保证肉品的食用安全，提高肉品的保存性。肉类经加温会出现香味，在3小时以内随着加温时间的延长，香味会越来越浓，3小时以后如果继续加温，香味会降低。加热至60℃～70℃时肉的热变性已基本结束，80℃以上时开始生成硫化氢，超过90℃，硫化氢生成急剧增加，会使肉品香味降低。

肉中蛋白质所含的胱氨酸、半胱氨酸、蛋氨酸、色氨酸等，在高热处理下，人体吸收率会降低，不如低温或中温加热。

第三章　兔肉风味调制技术

第一节　兔肉风味调制所需的辅助材料

在兔肉加工过程中，要生产出色、香、味俱佳，并符合营养与卫生要求的兔肉制品，除了优质原料以外，还需要很多辅助材料，这些材料合理搭配，才赋予了兔肉制品的优良品质和不同的风味，抑制和矫正兔肉的土腥味，并有防腐、保鲜作用，可延长兔肉制品的保质期等。

一、调味料

指能给予兔肉苦、甜、酸、辣、麻、咸、鲜等特殊味感，改善兔肉风味，使兔肉鲜美可口，增进人的食欲而添加到肉中的天然或人工合成的物质。

（一）食盐　主要成分是氯化钠，精制食盐中氯化钠含量在98%以上。味咸，为白色晶体。食盐在肉产品加工中具有调味、防腐、提高保水性和黏着性等作用，一般用量在3%左右。食盐能促进脂肪氧化，因此腌肉的脂肪较易氧化变质。高盐食品可导致高血压发生，因此使用时应控制用量。目前，国外已配制成功食盐代用品并大量使用，可使食盐的用量减少50%以上，并有防腐作用。

（二）酱和酱油　酱有黄酱、甜面酱、豆瓣酱等品种，酱油包括无色酱油和有色酱油。兔肉产品加工中宜选用发酵酿造的酱和酱油，其中含有食盐、蛋白质、氨基酸等，具有特殊的气味和滋味，有增鲜、增色、改善风味、祛除异味等作用，用量酌情而定。

（三）味精　其主要成分是谷氨酸钠，呈白色结晶，具有特殊的鲜味，提味能力强。溶于水，对热较稳定，在温度为210℃时发生吡咯烷酮化，生成焦谷氨酸，在温度为270℃时分解。肉类加工及一般烹饪加热温度和时间都不会引起分解，仅可使其失去结晶水。在碱性和pH为5以下的酸性条件下会使鲜味降低，在兔肉产品加工中，使用量一般为0.2%左右。味精虽然不是有毒物质，但使用时也不是多多益善，出生12个月内的婴儿忌食，成人每天食用量不得超过6克，以3～6克为宜，个别人对味精特别敏感，以不食用为好。

(四)肌苷酸钠 为白色粉末，其鲜度比味精高10～30倍，通常两者合用。强力味精就是88%～95%的谷氨酸钠和5%～12%的肌苷酸钠的混合物。肌苷酸钠能被广泛存在于动植物组织中的磷酸酶分解，由于磷酸酶对热不稳定，80℃左右就会变性失活，所以在兔肉制品加工中，应先对兔肉加热，破坏磷酸酶使其失活后再加入肌苷酸钠。

(五)核糖苷酸钠(钙) 是鸟苷酸、胞苷酸、尿苷酸等盐或钙盐的混合物，其性质与肌苷酸钠相似，使用量为0.005%～0.01%。

(六)琥珀酸钠 呈海贝的鲜味，与味精并用可增加食品的鲜味。在兔肉产品加工中，使用量为0.02%～0.05%。

(七)蔗糖 是常用的甜味剂，兔肉产品加工中添加适量蔗糖，可以改善产品风味，并能使肉质软化，色泽良好。当糖与蛋白质、脂肪同时存在时，微生物首先利用糖，这样就减少了蛋白质和脂肪的腐败，并使肉品pH降低，提高了兔肉的保藏性。蔗糖的用量为1%左右。

(八)葡萄糖 为白色晶体或粉末，甜度略低于蔗糖。作用与蔗糖相似，但具有较好的还原性，能抗氧化，促进肉的发色。用量不宜过多，否则会与蛋白质发生美拉德反应，影响产品质量，一般用量为0.3%左右。

(九)饴糖 又称糖稀，有爽口的甜味，常在加工油炸产品时用其打糖上色。

(十)食醋　其酸味成分主要是醋酸,以谷物为原料酿制而成,醋酸含量占35%以上。食醋为中式糖醋制品的主要调料,它与糖按一定比例配合,可形成宜人的甜酸味,有增进食欲、防腐、去腥等作用。

(十一)柠檬酸及其钠盐　它不仅是调味料,在国外还作为肉品加工的品质改良剂,可提高肉的保水性、嫩度以及成品率。

(十二)料酒　包括黄酒和白酒,是制作中式肉制品不可缺少的调味料,主要成分是乙醇和少量脂类。它可以去除膻味、腥味和其他异味,并有一定的杀菌作用,赋予肉制品特有的醇香味,使肉制品回味鲜美、风味独特。黄酒澄清微黄,味醇香,酒精含量在12°以上。白酒无色透明,味醇香,酒精含量较高。

(十三)5′-鸟苷酸钠　为无色或白色的结晶或结晶性粉末,是具有很强鲜味的5′-核苷酸类鲜味剂。在100℃温度下加热30～60分钟几乎无变化,在250℃时分解。5′-鸟苷酸钠有特殊的香菇鲜味,鲜味强度约为肌苷酸钠的3倍以上,与谷氨酸钠合用,具有很强的增鲜作用。与肌苷酸二钠等比例混合则成为呈味核苷酸二钠。

二、香辛料和补益料

(一)香辛料　香辛料在兔肉制品加工中应用极为广泛,它们大多属于芳香性、辛辣性中草药,是某些植物的根、茎、叶、花、种子、皮、果实、花蕾,经采集加工而成。能赋予肉制品独特的风味,矫正和去除不良味道,起到调香、调味、防腐、抗氧化等作用,使肉制品产生悦人的色、香、味,增进食欲,促进消化。香辛料含有特殊成分,具有特殊功能,是目前任何人工化合物都无法替代的。

天然香辛料具有完美的天然风味,香和味之间比较协调。根据肉制品形态和加工过程的要求不同,对香辛料的使用往往要依据要求进行适当的加工与配伍。天然香辛料可直接使用原材料,有时可经榨汁、浓缩、蒸馏、吸附、乳化、干燥等过程制成加工香辛料，如液体香辛料、乳化香辛料等。也可将多种香辛料混合粉碎，制成复合香辛料，如五香粉、十三香等。

香辛料可分为辛辣性和芳香性香辛料2种。辛辣性香辛料有辣椒、花椒、胡椒、芥子、葱、姜、蒜等。芳香性香辛料主要有丁香、八角、肉豆蔻、小茴香、月桂叶、山柰等，现就肉制品加工常用的天然香辛料介绍如下。

1. 花椒 果皮中含有挥发油，主要成分为二戊烯和香茅醇，具有特殊的强烈芳香味和麻辣味，是很好的香麻味调料，还有脱臭、增进食欲之功效。

2. 胡椒 主要含有胡椒碱、胡椒脂碱及挥发油等，具有强烈的芳香和刺激性辛辣味，有除腥臭、防腐和抗氧化作用，并有促进消化之功效。胡椒是西式肉制品的主要调料，在某些中式制品中也是不可缺少的配料。

3. 大茴香 俗称八角、大料。主要成分是茴香醚、茴香酮、茴香脑，有特殊芳香，稍带甜味。因其芳香浓郁，可增加肉的香味，是酱卤、灌肠制品常用的香料。

4. 小茴香 主要含有茴香醇和小茴香酮，有特殊的香味，略有甜苦味和炙舌感，能除腥去膻。味道与大茴香相似，必要时可相互代用。

5. 肉桂 主要含有肉桂醛、甲基丁香酚等。有强烈的肉桂香气，味甜，略苦，广泛应用于肉制品加工，可增加肉的复合香味。

6. 丁香 主要含有丁香酚、乙酸丁香酚，有浓烈的香气，兼有辛辣味，能除臭、防腐、增进食欲，可影响肉的发色。兼有丁香果的香味，可相互代用。

7. 肉豆蔻 亦称玉果、肉果，主要含有蒎烯、莰烯双戊烯、肉豆蔻酯等，具有刺激性芳香，味辛带甜，有一定的抗氧化作用。在肉品加工中使用很普遍，其味道与肉桂相似。

8. 小豆蔻 含有挥发油、少量皂苷、色素和淀粉等，具有浓郁的温和香气，略有辣味，带有苦味，有矫味加香的作用，常用于改善肉制品的风味。

9. 砂仁 主要含有左旋樟脑、龙脑、芳樟醇等，味芳香、浓醇、清凉、微苦，可使肉制品清香爽口，风味特殊。

10. 草果 主要含有山姜素、小豆蔻酮，味辛辣而芳香，带苦味，主要用于酱卤制品。

11. 山柰 又称三柰、沙姜，主要含有龙脑、桉油精等，有浓醇的芳香气味，常用于酱卤制品，可使其别具风味。

12. 白芷 主要含有白芷素、白芷醚等香豆精类化合物，气味芳香，有去腥、解毒的作用，是酱卤制品常用的香辛料。

13. 陈皮 主要含有右旋柠檬烯、柠檬醛等，有浓郁的香甜气味，常用于酱卤制品，增加制品的复合香味。

14. 月桂叶 主要含有桉叶素、丁香酚，具清香味，微苦，有脱臭除腥的作用。与食物同煮后香味浓郁，常用于西式食品和肉类罐头的制作。

15. 姜 又称生姜，主要含有姜辣素、生姜醇、生姜酮。有芳香和强烈的辣味，具有调味除腥、脱臭防腐、增进食欲的作用。

16. 大蒜 主要含有大蒜素等，带有强烈的臭辣味，能脱臭防腐、压腥去膻，提高肉制品的风味。

17. 荜拔 主要含有胡椒碱、四氢胡椒酸等，能增香去腥。

18. 高良姜 主要含有桉叶素、桂皮酸甲酯等，气味芳香、辛辣，有调味除腥、增进食欲之功用。

19. 山艾 又称鼠尾草，含精油2.5%左右，其发出特殊香味的主要成分为侧柏酮，此外有龙脑、鼠尾草素等，主要用于烹制肉类制品。

20. 芫荽 系1年生或2年生伞形科草本植物，用其成熟的干果。芳香成分主要有沉香醇、蒎烯等，其中沉香醇占60%～70%，有特殊香味。芫荽是肉制品，特别是香肠类制品常用的香辛料。

21. 乳香子 别名滴乳香，为橄榄科植物卡氏乳香树及其同属数种植物的油胶树脂，含树脂 60%～70%，树胶 27%～35%，挥发油 3%～8%，主要香味物质在挥发油中，挥发油呈淡黄色，有芳香味，含蒎烯、二戊烯和水芹烯。

22. 没药 别名末药、明没药，为橄榄科植物没药树的胶树脂，含树脂 25%～35%，挥发油 2.5%～6.5%，树胶 57%～61%。挥发油中含间苯甲酚、丁香酚、蒎烯、柠檬烯和桂皮醛等。

23. 木香 别名广木香，为菊科植物木香的干燥根，气味特异，味微苦，在肉食品加工中应用不仅可增加肉的香味，而且有理气的作用。

(二)补益料

1. 山药 别名薯蓣，属薯蓣科、薯蓣属植物，有补益作用，对气虚衰弱、慢性腹泻、食欲减退、肢体疲乏、慢性病导致的虚弱等有良效。兔肉本身就有补益作用，加上补益的山药，保健作用加强。

2. 枸杞子 别名枸杞果、甘杞果，属茄科、枸杞属植物，味甘、酸，性平，补血补肾，养肝明目，主治血分衰弱、肾亏遗精、腰酸、头晕、两眼昏花模糊等症，可作为功能兔肉的配料之一。

3. 沙参 分南沙参和北沙参 2 种，味甘、淡，性微寒，补肾助阳，强壮腰膝。在加工补益性功能兔肉时，是重要的添加料之一。

4. 黄芪 味甘，性微温，主要功效为补气、止汗、脱毒、生肌、利尿，加工补益性功能兔肉时，必须加入黄芪、党参等补益药物。

5. 当归 味甘、辛，性微温，功效为补血、活血、调经、止痛，主治血虚、月经不调、跌打损伤、痛疽、胁痛，可用于加工补益性功能兔肉。

6. 党参 味甘、辛，性平，功效为补中益气、补血，主治气虚乏力，贫血体弱，也是加工补益性功能兔肉必用的原料。

7. 甘草 味甘，性平，功效为祛痰、解毒(生甘草)、补气(炙甘草)，主治气血虚，咳嗽气促。生甘草在食品加工中使用，主要是用来缓解有毒成分，增加食品安全性。

三、添加剂

是指在食品或肉食加工、贮存过程中加入的少量物质，添加这些物质有助于食品、肉制品品种多样化，改善其色、香、味、形等，保持产品的新鲜度和质量，以满足加工过程的需求。肉制品加工时常用的添加剂有以下几种。

（一）发色剂 包括硝酸盐和亚硝酸盐等。发色的基本原理是：硝酸盐在还原剂和某些细菌（如脱氮菌）的作用下，还原成亚硝酸盐，生成的亚硝酸盐与肌肉中的乳酸发生复分解反应，生成亚硝酸；亚硝酸不稳定，继续分解产生一氧化氮，一氧化氮再与肌肉中的肌红蛋白和血红蛋白结合，生成具有鲜亮红色的一氧化氮肌红蛋白和一氧化氮血红蛋白，使肌肉呈现鲜艳的红色。同时，硝酸盐和亚硝酸盐对肉毒梭菌具有较强的抑制作用，能防止肉腐败变质。但它们能与肌肉蛋白质降解产物——促胺类物质结合，生成有致癌作用的亚硝酸胺，因此在添加时，应在保证发色的前提下，将添加量限制在最低水平。

1. 硝酸盐 为白色结晶，无臭、味咸并稍苦，易溶于水。在兔肉产品加工中最大使用量为0.05%。残留量以亚硝酸盐计，肉产品不得超过0.005%。

2. 硝酸钾 俗称火硝，为无色或白色结晶，无臭、味咸，稍有吸潮性，易溶于水。多与硝酸盐、亚硝酸盐合用。它的毒性较强，又是强氧化剂，保存时要密封，并注意防火。用量与硝酸盐相同。

3. 亚硝酸盐 俗称快硝，为无色或微黄色结晶，略带咸味，易吸潮。在干燥的空气中较稳定，但可缓慢吸收氧而变为硝酸盐。易溶于水，毒性很强。在兔肉制品中最大使用量为0.015%，残留量不得超过0.003%。

（二）助发色剂 由亚硝酸还原生成的一氧化氮，对肉的发色是不可缺少的，而还原性物质有助于一氧化氮的形成和防止亚铁血红素中的二价铁离子氧化为三价铁离子，从而能促进发色剂的发色作用，所以称助发色剂。常用的助发色剂有以下几种。

1. 抗坏血酸、抗坏血酸钠 两者均有很强的还原性，易被氧化。抗坏血酸对热或金属离子极不稳定，其钠盐较稳定，能促进一氧化氮生成，还能防止一氧化氮的氧化，阻碍亚硝胺的产生，一般用量在0.05%左右。

2. 异抗坏血酸、异抗坏血酸钠 异抗坏血酸是抗坏血酸的异构体，化学性质类似抗坏血酸，但几乎无抗坏血酸的生理活性作用。抗氧化作用与抗坏血酸相似，但价格较低。

3. 烟酰胺 为白色结晶状粉末，无臭，带苦味。它可以和肌红蛋白结合生成烟酰胺肌红蛋白，呈不易被氧化的红色。与抗坏血酸钠等并用，发色效果好且稳定。

腌制兔肉时，发色剂与助发色剂应合并使用，有利于促进发色，防止褪色。表3-1是抗坏血酸、烟酰胺和亚硝酸盐混合发色的效果。

表3-1 发色效果比较 （%）

发色剂 \ 使用量 \ 试验组	1	2	3	4	5
亚硝酸盐	0.007	0.007	0.007	0.007	0.007
抗坏血酸	—	1	1	0.05	0.02
烟酰胺	—	—	0.1	—	0.2
呈色效果	+	++	+++	++	+++

4. 葡萄糖酸内酯 简称GDL，为白色结晶性粉末，几乎无臭，味先甜后酸。使用时，葡萄糖酸内酯在肉中缓慢水解，产生葡萄糖酸，形成一个酸性还原环境，有利于肉的发色。

（三）防腐保鲜剂

1. 化学防腐剂 主要是各种有机酸及其盐类，如乙酸、甲酸、柠檬酸、乳酸等及其钠盐，抗坏血酸、山梨酸及其钾盐、磷酸盐等。

生产实践已经证明，这些有机酸单独或配合使用，对延长肉类保存期均有一定效果。

(1)山梨酸及其钾盐　属酸性防腐剂，对真菌、酵母菌和好气性细菌有较强的抑制作用，但对厌气菌和嗜酸乳杆菌几乎无效。其防腐效果随 pH 升高而降低。适宜在 pH 5～6 范围内使用。1 克山梨酸相当于 1.33 克山梨酸钾，1%R-山梨酸钾水溶液 pH 为 7～8，能使制品 pH 升高，使用时应注意。

山梨酸为无色针状结晶或白色结晶粉末，略有特殊气味，耐光、耐热性好，难溶于水，溶于乙醇、乙醚等有机溶剂。山梨酸钾为白色至浅黄色鳞片状结晶、结晶性粉末或颗粒，无臭或微臭，易溶于水、5%食盐水、25%砂糖水，溶于丙二醇、乙醇。

山梨酸钾在肉制品中应用很广，它能与微生物酶系统中的硫基结合，破坏很多酶系统，达到抑制微生物增生的目的，起到防腐作用。山梨酸钾在鲜肉保鲜中可单独使用，也可以和磷酸盐、乙酸结合使用。

(2)乙酸　1.5%乙酸溶液有明显的抑菌效果。在 3%浓度以内，因乙酸的抑菌作用，减缓了微生物的生长，避免了真菌引起的肉色变黑、变绿。当浓度超过 3%时，对肉色有不良作用，这是由酸本身造成的。采用 3%乙酸加 3%抗坏血酸处理时，由于抗坏血酸的护色作用，肉色可保持良好。

(3)乳酸与乳酸钠　乳酸钠是乳酸的右旋结构体钠盐，是肌肉组织中的正常天然成分，用于食品配料的乳酸钠含量为 50%～60%，能溶于水和乙醇，不溶于醚，略带咸味，可减少 0.1%～0.2%的食盐用量。使用乳酸钠是安全的，最大用量为 4%。添加乳酸钠可降低产品内水分的活性，从而阻止微生物的生长。目前乳酸钠主要用于禽肉的防腐。

(4)磷酸盐　磷酸盐作为品质改良剂发挥其防腐保鲜作用，可明显提高肉制品的保水性和结着性，利用其螯合作用可延缓制品的氧化酸败，增强抗菌效果。

（5）苯甲酸及其钠盐　为白色有荧光的鳞状或针状结晶，稍有安息香或苯甲醛的气味，不溶于冷水，但溶于沸水、乙酸、氯仿、乙醚，以及非挥发性油。苯甲酸钠是苯甲酸的钠盐，为白色颗粒或结晶粉末，无臭，溶于水和乙醇，在空气中稳定。苯甲酸及其钠盐在酸性环境中对多种微生物具有明显抑制作用，但对产酸菌作用较弱。1 克苯甲酸相当于 1.18 克苯甲酸钠的功效。

2. 天然保鲜剂　本类保鲜剂使用安全，卫生上有保证，很受消费者欢迎，是今后保鲜剂发展的方向。

（1）茶多酚　主要成分为儿茶素及其衍生物，具有抑制氧化变质的性能。茶多酚对肉制品防腐、保鲜以及在抗脂肪氧化、抑菌、除臭方面都能发挥作用。

（2）乳酸链球菌素　为白色或稍带黄色的结晶粉末或细颗粒，略带咸味，是由某些乳酸链球菌合成的一种多肽抗生素，为窄谱抗菌剂。用该产品对肉类保鲜是当前的新技术。使用时，先用 0.2 摩/升盐酸溶液溶解，再加入食品中。乳酸链球菌素只能抑制或杀死革兰氏阳性菌，有效阻止肉毒杆菌的孢子发芽，但对革兰氏阴性菌、酵母菌、真菌无作用。因此，与山梨酸处理或辐照处理配合使用，可使抗菌谱扩大。我国《食品添加剂使用卫生标准》(GB 2760-1996)规定，熟肉制品中的最大使用量为 0.5 克/千克。

（3）香辛料提取物　很多香辛料中都含有蒜辣素和蒜氨酸，这些物质都具有杀菌作用。如肉桂中的挥发油、肉豆蔻所含的肉豆蔻挥发油、丁香中的丁香油等，均有杀菌、抗菌作用。

（四）抗氧化剂　是防止食品成分氧化变质的一类添加剂，主要用于防止油脂和富脂食品氧化。抗氧化剂只能阻碍氧化作用，延缓食品开始败坏的时间，但绝不能改变已经酸败的产品品质。因此，必须在油脂开始氧化之前使用抗氧化剂，才能发挥其抗氧化的作用。

食品中使用的抗氧化剂分为脂溶性和水溶性两大类。肉品加工中常用的为脂溶性抗氧化剂，可分为以下几种。

1. 丁基羟基茴香醚　简称 BHA，为无色至浅黄色蜡状固体，略有特殊气味。不溶于水，易溶于油脂、甘油和乙醇。对热相当稳定，在弱碱性条件下，不容易被破坏。遇铁等金属离子会着色。最大用量为 0.2 克/千克，如果用量超过 2%，效果会下降。

2. 二丁基羟基甲苯　简称 BHT，为无色晶体或白色结晶性粉末。无臭、无味，对热很稳定。遇金属离子不着色，不溶于水和丙二醇，溶于油脂、乙醇、丙酮等。抗氧化能力较强，价格低廉。使用量在一般食用油脂中不超过 0.2 克/千克，常与丁基羟基茴香醚等抗氧化剂并用。

3. 没食子酸丙酯　简称 PG，为白色或淡黄色结晶性粉末。无臭，稍有苦味。耐热性较好，难溶于水，易溶于乙醇、油脂等。其抗氧化作用较丁基羟基茴香醚、二丁基羟基甲苯都强，三者合用效果更好。但遇金属离子着色，特别是遇铁离子呈紫色。最大使用量为 0.1 克/千克。

4. 叔丁基对苯二酚　简称 TBHQ，为白色结晶。易溶于油脂，遇铁离子不着色，加入任何油脂和高脂食品中都没有异味或臭味。对油脂的抗氧化作用比丁基羟基茴香醚、二丁基羟基甲苯和没食子酸丙酯都好。人体每天允许摄入量为 0.75 毫克/千克体重。

5. 维生素 E　为淡黄色黏稠的油状液体，无臭、无味。在可见光下较稳定，对紫外线不稳定。耐热性强，在较高温度下仍有较好的抗氧化作用。不溶于水，溶于油脂、乙醇。添加量一般为 0.01%～0.03%，因其价格较贵，通常与其他抗氧化剂合用。

6. L-抗坏血酸及其钠盐　易被氧化剂氧化成氧化型的抗坏血酸——去氢抗坏血酸，此反应是可逆的，在还原剂的作用下可恢复为还原型抗坏血酸。所以，一般抗坏血酸是还原的，受空气中或食品中氧的作用生成氧化型抗坏血酸。因为其易被氧化，所以有极强的还原性，是一种很好的还原剂与抗氧化剂。抗坏血酸可作为维生素 E 的增效剂，用于防止猪油氧化。同时，也是食品营养强化剂。L-抗坏血酸及其钠盐，在肉食品加工中作为抗氧化剂、助发色剂和食品营养强化剂使用，在火腿、香肠等肉制品中的使用量为原料重的0.02%～0.05%。

7. 异抗坏血酸及其钠盐 极易溶于水，其使用量及作用均与L-抗坏血酸及其钠盐相同。我国《食品添加剂使用卫生标准》(GB 2760—86)规定在肉及肉制品中的最大使用量为0.05%。

(五)品质改良剂

1. 淀粉 作为品质改良剂的淀粉应是可溶性淀粉或交联淀粉。它们都是天然淀粉经化学处理或酶处理使其物理性质发生改变，以适应特定需要而制成的淀粉。变性淀粉一般为白色、近白色粉末或细颗粒，或经过预糊化的薄片、无定型粉末或粗粉。

淀粉是肉制品中使用最普遍的胶凝剂，有玉米淀粉、小麦淀粉、甘薯淀粉、马铃薯淀粉等。淀粉与水共同加热，温度达60℃～80℃时糊化，糊化后的淀粉称α-淀粉，未糊化的淀粉称β-淀粉。含水的α-淀粉在常温下会逐渐转变成β-淀粉，这种现象称为淀粉老化，温度低老化速度快。淀粉加热糊化时，会发生膨胀现象。

淀粉的糊化温度较肌肉蛋白质变性凝固温度高。当淀粉糊化时，肌肉蛋白质变性凝固作用已基本完成，并形成了稳定的立体网状结构。此时，淀粉夺取存在于立体网状结构中结合不紧密的水分，并被淀粉固定，使制品的保水性提高。同时，因淀粉吸水膨胀，黏性增加，起到黏合的作用，可使肉块黏合，填塞孔洞，使产品富于弹性，切面完整美观，具有良好的组织形态。

2. 大豆分离蛋白 粉末状的大豆分离蛋白具有良好的保水性和乳化性，当浓度达到12%、加热温度达到60℃时，黏度就急剧升高，加热到80℃～90℃后静置、冷却，就会形成光滑的纱状胶质。这种特性使大豆分离蛋白进入肉组织时，能改善肉的质量。

粒状大豆蛋白和纤维状大豆蛋白的特性不同于粉末状大豆蛋白，前两种大豆蛋白都具有强烈的、变性的组织结构，具有保水性、保油性和肉粒感，其中纤维状大豆蛋白对防止烧煮收缩效果显著。

3. 酪蛋白钠 是乳中酪蛋白的钠盐。酪蛋白钠形成稳定胶体时，可吸收自身重量5～10倍的水。用于肉品加工时，能与肉中蛋白质形成复合胶体，增加制品的黏着力和乳化力，改进产品质量，提高出品率。

4. 海藻酸钠 呈白色或浅黄色纤维状粉末。几乎无臭、无味。溶于水后形成黏稠状胶体溶液，久置发生缓慢分解，黏度降低。它易与蛋白质、淀粉等亲水性物质共溶于水，黏度增强。在肉制品加工中主要起增稠和黏结作用。使用量一般为淀粉用量的1%左右。

5. 食用明胶 为无色或浅黄色透明至半透明微带光泽的脆性薄片或粉粒，几乎无臭、无味，不溶于冷水而溶于热水，水温在30℃时即发生溶解，水溶液在20℃～25℃时凝固，长时间高温(70℃以上)加热会降解，性质改变，冷却后不再形成凝胶。所以，在使用时溶解水温一般不超过60℃，以防降解破坏黏度。因食用明胶本身属于蛋白质营养物，所以使用量没有明确规定，可根据产品的实际需要来确定用量，通常添加量为1%～5%。

6. 卡拉胶 又称角叉藻胶，是由红藻类所属角叉藻科植物中提取的，呈白色或浅褐色颗粒或粉末。可吸收自身重量20～30倍的水形成胶体。它能与蛋白质结合，形成均一的凝胶，添加到肉中，与肌肉蛋白质结合，表现出很强的凝胶化，形成良好的空间网络结构，保持制品中的大量水分和脂肪，从而提高出品率，赋予制品良好的弹性与韧性。添加量根据实际需要而定。

7. 磷酸盐 磷酸盐已普遍应用于肉制品中，以改善肉的保水性能。我国《食品添加剂使用卫生手册》中规定，可用于肉制品的磷酸盐有3种，即焦磷酸钠、三聚磷酸钠、六偏磷酸钠。磷酸盐的作用机制至今还不十分肯定，但对鲜肉或腌制肉在加热过程中增加保水性的作用是肯定的。因此，在肉制品中使用磷酸盐一般作用是提高保水性、增加出品率，但实际上磷酸盐对提高结着性、弹性和赋形性等均有作用。

各种磷酸盐合用比单用一种好，混合的比例不同效果也不同。在肉品加工中，使用量为肉重的 0.1%～0.4%，用量过大反而不好，会造成组织粗糙，呈色不好。

磷酸盐溶解性差，因此在配制腌制液时，应先将磷酸盐溶解后再加入其他腌制料。

第二节 兔肉风味调制的方法

一、调味料的选择、制备工艺和组合配伍

（一）调味料的种类 调味料的种类众多，可以归纳为 4 类，即基础调味料、鲜味调味料、天然调味料和复合型调味料。

1. 基础调味料 即家庭常用的调味料，如食盐、砂糖、葱、姜、酱油、醋等。

2. 鲜味调味料 主要有谷氨酸钠（味精）、5′-肌苷酸、5′-鸟苷酸、琥珀酸钠等。味精的鲜味只有在盐存在的情况下才能显示出来。核苷酸单独在水中并无鲜味，但核苷酸、琥珀酸钠与味精并用时，具有明显的协同效应，能大大加强味精的鲜味。核苷酸的使用量为味精的 1%，琥珀酸钠使用量以不超过味精的 10%为宜。5′-肌苷酸、5′-鸟苷酸的使用比例为 19∶1。

3. 天然调味料 是通过天然原材料分解、抽提、精制而制成的调味料，可以分为以下两大类。

（1）分解型天然调味料 又分为酸分解型和酶分解型。酸分解型天然调味料是以脱脂大豆、动物胶等动物性蛋白质原料，经酸解加工而制成的水解蛋白（HVP、HAP），含有各种氨基酸和肽类，具有味道复杂且范围广的风味，可以起到调整味道、减盐、减其他异味的功效。它们不仅具有呈味增强效果，还具有改良效果。另外，还能发挥香味增强效果。酶分解型天然调味料主要由酵母抽提物和肉精制备。酵母抽提物是酵母细胞内蛋白质降解成氨基酸

和多肽，核酸降解为核苷酸，并把它们和其他有效成分如B族维生素、谷胱甘肽、微量元素等一起从酵母细胞中抽提出来，所制成的人体可直接吸收的可溶性营养物质和风味物质的浓缩物。这些调味料具有许多其他调味料所没有的特征，即具有复杂的呈味特性，调味时可赋予制品浓重的醇厚味，有缓解酸味、除苦味等效果，对异臭味具有隔绝作用。

(2)抽出型调味料　是从畜产品、水产品等天然原料中经加热抽提、压榨、酶解等方法精制加工、浓缩而形成的，以鱼精粉、肉精粉、蔬菜精粉为代表产品。汤料中添加这些精粉，可使汤料产生浓重的味感，使味道醇厚，可以获得使用盐、有机酸和氨基酸、核酸等化学调味料无法得到的复杂的呈味风味。

4. 复合型调味料　是指将提高食品嗜好性的素材按不同的使用目的，经科学方法组合调配制作而成的调味产品。通常是以HVP、HAP酵母提取物以及肉精等天然调味料为主体，再与味精等各种氨基酸、核酸等风味要素混合调制而成。

(二)调味料在兔肉制品中的功效　兔肉呈味单调，且有草腥味，使用调味料使制品从过去的呈味单调和风味单调中改变过来，逐步发展到呈味和风味复杂。调味料在兔肉制品中的功效主要表现为呈味增强、呈味改良和风味增强、风味赋予。

1. 呈味增强和呈味改良　调味料都有自身的香味或鲜味，可增强兔肉制品的味道，赋予其多层次、圆润的口感，具有调和风味的功效。作为调味的原料主要有有机酸、糖类、水解蛋白(HVP、HAP)、核苷酸等基本调味品。

2. 风味增强和风味赋予　调味品一般都有自身的香味，可经过加热将香味从前物体中释放出来，通过与兔肉中的物质反应与脂肪氧化作用而生成天然风味物质，可赋予兔肉令人喜欢的风味，可以遮掩、消除兔肉令人讨厌的草腥味。作为风味的原料主要有各种肉精、酵母提取物、蔬菜精粉、香精香料、油脂等物质。

(三)调味料在兔肉制品中的应用　兔肉基础调味料有食盐、

味精、酱油、砂糖等，再添加风味浓缩物或 HVP、HAP、酵母精粉等各种氨基酸、核酸、有机酸等呈味物质。天然调味料比化学调味料更能体现汤料的浓郁、醇厚、复杂的呈味，并在赋予风味的同时具有遮盖不良气味的效果。天然调味料与化学调味料配合，开发出接近天然风味和味道的调味料，是今后兔肉制品调味料发展的方向。

二、反应型风味调理香精在兔肉制品中的应用

所谓反应型风味调理香精，是利用各类蛋白质原料经酵母分解、加热水解、生物反应等作用，使蛋白质分解成小分子的肽、胨和氨基酸等，并根据美拉德反应原理，在特定条件下配合各单体加热反应，使其呈现特定风味，再经纯化、调和浓缩等步骤，所获得的高浓度、风味独特、使用方便的天然食品香料。它以其可人的香气和味道，达到抑制兔肉草腥味的独特功效，提高兔肉产品质量，深受消费者青睐。

反应型风味调理香精与天然提取物相比，具有香气浓郁、强烈的特点，具有极好的耐热性和保存稳定性，可任意选择成分和反应条件，产生品质相同而各种香气程度不同的肉食风味。其主要功能是平衡、恢复和提高天然提取物的香气和风味，遮掩不良气味或味道，在增进食品总体风味的同时，简化加工工序，有助于降低成本。反应型风味调理香精已为世界所公认，其风味自然，安全性较好，因而被广泛应用于方便面、速食粥、汤料、即食调味品、休闲食品等，是一种很有生命力的天然食品香精。

三、风味化酵母精在兔肉制品中的应用

风味化酵母精是天然香味料，并有营养功能，在今后兔肉加工中扮演着越来越重要的角色，加上国内酵母精生产的成熟和发展，使酵母精成为继味精、水解蛋白、呈味核苷酸之后的第四代纯天然调味料。

(一)风味化酵母精的营养成分 酵母精是酵母提取物，是以鲜面包酵母为原料，经自身酶系自溶，将酵母体内的蛋白质、核糖核酸等降解为游离的氨基酸、肽类化合物、呈味核苷酸、B族维生素、有机酸和微量元素等，再经分离、去渣、脱臭、生物调香、浓缩、干燥等工艺制成的天然香味料。

(二)风味化酵母精在兔肉制品中的调味特点 风味化酵母精含有丰富的氨基酸、肽类、核苷酸、B族维生素、微量元素等，再加上有肉味特征的风味物质、烟熏香料、香辛料等其他调味料精制而成，可与肉类提取物媲美。作用是增鲜、增香，赋予兔肉醇厚的味道，在兔肉加工中被广泛应用。

使用酵母精不但能制作出风味好的产品，而且不增加成本。许多肉制品由于添加了卡拉胶、大豆分离蛋白和淀粉等增量剂，出品率很高，但肉味寡淡，咸味和甜味明显，因为肉蛋白质含量低，缺乏肉质原有的肉香味和鲜味；而加入酵母精的优点在于蒸煮后仍能保持很高的风味强度，且用量相对较少，可通过注射或滚揉入味，形成稳定的风味和口感。通常添加0.3%～0.7%即可产生醇厚的肉香效果。用兔肉加工香肠、火腿时添加酵母精，可以产生鲜味和诱人的肉香味，形成诱人的色泽，延缓脂肪氧化，防止脱水，减少香肠类产品收缩的现象。

四、烟熏香味料在兔肉制品中的应用

烟熏制品的传统生产工艺是利用木材燃烧产生的烟气熏制，生产时需设置烟气发生炉、熏房及其附属设施，操作凭经验，产品质量较难掌握，且烟气中的焦油会污染设备、管道和食品表面，烟气焦油中含有的致癌物质3,4-苯并芘，会严重危害食用者的健康。传统工艺的危害性被提出以后，食品界研制出以天然植物为原料，经干馏、提纯、精制而制成烟熏香味料，这种烟熏香味料不含致癌物质，熏制出的食品安全可靠，并减少了传统工艺大量设备的投资，简化了生产工艺，操作方便，熏制时间短，劳动强度低，不污染环境，并对产品有防腐、保鲜、保质的作用。这种方法为目前世界烟熏食品业广为应用，美国有 90%的烟熏食品都是用烟熏香味料加工的，每年消耗烟熏香味料 10 000 吨，日本每年要消耗 700 吨。

烟熏香味料中含有 200 余种化学成分，其中有各种酚类、羰基化合物、有机酸、呋喃、酯、醇等。烟熏香味料的主要成分是愈创木酚、4-甲基愈创木酚、2,6-2-甲氧基酚。另外，糠醛、5-甲基糠醛和乙酰呋喃提供了甜香型香气，酯类化合物提供了某种烟熏香气。上述化学成分协同作用，使烟熏香味料的烟熏气味浓厚、纯正、持久、诱人，并有增进食欲的作用。羰基化合物同氨基酸反应也可形成褐色物质，酚、有机酸对色泽的形成也有协同作用。酚类具有强烈的抗氧化和杀菌作用，这些物质为烟熏色泽提供了保障，有机酸、羰基化合物和醇也具有一定的杀菌作用，这些物质使烟熏香味料对食品具有良好的防腐、保鲜作用。

烟熏香味料为淡黄色至棕红色液体，具有浓郁的烟熏香气，易溶于水，可配成不同浓度的液体料添加到食品中去，也可以不稀释直接添加使用，因此对小块食品可采取浸渍法生产烟熏食品。

使用烟熏香味料有以下优越性：①发色性，本产品易氧化变色，因此用其加工食品可产生诱人的色泽，从而引起消费者的食欲；②除异味性，能消除肉品的异味，如羊肉的膻味、鱼的腥味，改善肉食品风味；③结皮性，能使肉制品表面形成一层薄膜，因此能防水分和油脂外溢，从而改善肉食品的质地；④防腐性，具有杀菌作用和抗氧化作用，使用烟熏香味料的肉食品能延长贮藏期和货架期，效果优于苯甲酸钠和山梨酸钾。

烟熏香味料的添加量为 0.05%～0.3%，或根据消费者的习惯口味适当加减，但不能过多，以免影响食品的原味。

烟熏香味料的应用方法包括以下几种。

一是浸渍法。多用于块状兔肉制品，如熏兔肉、烤兔肉，具体方法是将适量的烟熏香味料与其他香料配成复合香味料浸渍液，然后将处理好的兔肉浸入其中。经过一段时间浸渍后，再按产品生产工艺制成成品。

二是涂抹法。仍然适用于熏兔肉、烤兔肉等块状产品。即将定量的烟熏香味料用刷子涂到兔肉块上，若块型大，可以分次涂刷。当涂刷完后，再按该产品的加工工艺制成成品。

三是置入法。多用于罐头类烟熏食品。方法是将适量的烟熏香味料注入已装肉的罐内，然后按生产工艺封口杀菌，通过热杀菌使烟熏香味料自行分布均匀。

四是调和器法。多用于肉糜状肉食品加工，如兔肉香肠、兔肉火腿、兔肉午餐肉等。具体方法是将适量的烟熏香味料用水稀释后倒入肉糜中，经调和搅拌均匀，然后按产品加工工艺制成成品。

五是淋洒、喷雾法。适用于小块型兔肉烟熏制品。方法是将适量烟熏香味料用喷雾、喷布或淋洒的方法涂在肉块表面，为了使烟熏味均匀，要求边淋洒边翻动，然后按产品生产工艺制成成品。

五、腌腊制品风味的形成

肉的腌制品是在肉中加入腌制成分，经过一段时间的成熟作用，使腌肉中形成风味物质羰基化合物，在腌肉加热时释放出来，形成独特风味。在一定时间内，腌制时间越长，质量就越好，通常条件下腌肉香味出现在腌制后的 10～14 天，腌制 20 天左右香味明显，40～50 天达到最佳程度。

肉的腌制过程，即所谓的腌制成熟过程，一方面蛋白质和脂肪分解形成腌制风味；另一方面也是腌制剂，如食盐、硝酸盐、亚硝酸盐、异构抗坏血酸钠及糖均匀扩散的过程，以及腌制和肉内成分进一步反应的过程。

肉类腌制品出现的特殊风味，是由含有组氨酸、谷氨酸、丙氨酸、丝氨酸、蛋氨酸等的氨基酸浸出液，脂肪、糖和其他挥发性羰基化合物等少量挥发性物质，以及在一些微生物作用下糖类的分解物等组合而成。

肉的腌制成熟过程与温度、盐分以及腌制品成分有很大关系。

温度越高，腌制品成熟越快。脂肪含量对成熟腌制品的风味有很大影响，高脂肪肉腌制后的风味比低脂肪肉要好，低浓度盐水腌制的肉制品其风味比高浓度盐水腌制的要好。

腌制过程中肉制品的内部要进行各种化学反应，这种反应过程主要是由微生物和肉组织内的酶活动所引起。腌制过程中肌肉内的一些可溶性物质，如肌球蛋白、肌动蛋白、肌浆蛋白等，都会外渗到肌组织间的盐水中，它们的分解产物就会成为腌制品风味的来源。

第三节 兔肉酱卤制品加工技术

酱卤制品是我国民间传统的畜禽肉及可食副产品的熟制加工方法，它是将原料和调味料、香辛料以水作加热介质，经煮制而成的一大类熟肉制品。20 世纪 80 年代以前，没有成熟、成套的兔肉加工方法，出口冻兔肉的加工厂筛选下来的次品兔胴体寻求内销途径移植了其他畜禽肉酱卤制品加工技术，逐渐形成了兔肉酱卤制品系列产品的加工技术。将兔肉加工成酱卤兔肉以熟制品上市，可直接食用，就地销售，且产品酥润、口感好，深受地方消费者欢迎。以后发展为真空包装酱卤兔肉，用高温杀菌或巴氏杀菌后，可销往异地，扩大了销售量，目前已成为较为普遍的加工方法。

近些年国内肉食品加工科研、教学部门都致力于兔肉产品加工研究，不但挖掘了民间传统加工技术，更创新和完善了已有的加工技术，使兔肉酱卤制品具有外观光泽油润、肉质细嫩、芳香可口、多汁化渣等独有特色，深受消费者青睐，消费量逐渐扩大。特别是兔肉酱卤制品加工工艺简单，操作不复杂，加工条件不受限制，有投资能力的可以建设大规模、机械化生产车间；没有投资能力的可以建半机械化小型生产车间或手工作坊，所以生产厂家遍布全国各地。

一、开封风干五香兔肉加工技术

风干五香兔肉是开封历史上流传下来的历史名吃，经现代人不断总结和完善而形成的地方风味兔肉加工方法。以此工艺加工的兔肉风味独特，回味悠长，深受消费者欢迎，产品流传至今长盛不衰。

(一)卤液配制

1. 辅料 山柰20克、肉豆蔻70克、小豆蔻70克、草豆蔻70克、木香70克、丁香200克、乳香70克、甘草70克、砂仁200克、花椒200克、枸杞子100克、八角400克、白芷70克、高良姜200克、陈皮100克、没药70克、沙参70克、当归70克、黄芪70克、小茴香100克、荜拨70克、月桂叶70克、槟榔70克、胡椒50克、草果70克、食盐2.5千克、葱1.5千克、姜1.5千克、料酒100毫升、红糖1千克。

2. 卤液制备 将配好的辅料用纱布包好，放在煮锅底，加水50升，再加入食盐、料酒、红糖，煮沸20～30分钟，待辅料成分溶于水中后再把兔胴体加入料液中，每次可煮50千克兔肉。

卤液连用2～3次后感到浓度降低时，需再添入辅料，下料量相当于初次下料量的1/2，也可用纱布包好放入煮锅底部，再煮30分钟即可放入新一批兔肉。

在生产期间有时候由于兔肉供应不足，会停产一段时间，如停产时间短，每天可将卤液煮沸5分钟，以防止变质；停产时间较长时，可将一部分卤液装入塑料桶中，放入冷库或冰柜中长期保存，待重新生产时取出，加入新料，煮沸20分钟后即投入兔肉进行卤制。

(二)生产工艺

1. 兔的宰杀 见前文所述内容。

2. 兔胴体风干及回鲜 将宰杀剥制出的兔胴体消除体表淤血块、筋膜、脂肪块等，洗净体表、体腔，晚秋、冬季、早春可以挂在室外风干。若加工量大，靠自然风干速度很慢，可设置几十米^{2}的风干室，将处理好的兔胴体挂在室内的架上，用吹风的办法风干。风干至兔胴体表面呈红色泛紫时，将其取下放入洁净的水中浸泡。待浸泡到用手指按压肉层厚的部位时有弹性感为止。然后逐只认真清洗，直到没有血水为止。将浸泡、洗涤好的兔胴体挂在晾肉间晾去体表、体腔内壁的水分，再进行下一步工序。

3. 上色　上色的方法根据上色料的不同可分为3种。

(1)蜂蜜上色　1份蜂蜜加2份水混匀，把兔胴体浸入配好的蜂蜜水中，待胴体体表和腹腔内壁都浸上蜂蜜液时，沥去体表和腹腔内壁上多余的蜂蜜液。

(2)酱油上色　2份酱油与1份水混合后，将兔胴体浸入其中，使体表与腹腔内壁全部浸上上色液，然后捞出。

(3)糖蜜上色　将白砂糖在铁锅内烤成黄褐色，加水配成糖蜜液，将兔胴体浸入糖蜜液中，使胴体表面和腹腔内壁都浸上糖蜜液。

4. 晾干与油炸

(1)晾干　将上完色的兔胴体挂到晾肉间的架子上，晾去体表和腹腔内壁上的上色液。

(2)油炸　一般使电油炸锅，可以调控油的温度，通常油炸兔胴体时将油温调至180℃。将晾去上色液的兔胴体投入油锅里，注意翻动兔胴体，使其炸后上下颜色均匀。一般变为黄色时立即捞出，放在铁箅子上，沥去油，然后进行煮制。

5. 煮制　煮制时先把沥去油的兔胴体一层一层摆放在盛有卤液的煮锅内，摆放得要紧密。在兔胴体上盖一铁箅子，铁箅子上再压一块清洁的石块，防止煮制过程中兔胴体露出卤液。

以上工作做好后开始煮制，开始先用旺火烧至卤液沸腾，然后转入小火煮制。小火煮制时应控制火候，使煮锅的边缘冒泡，中间不冒泡，持续10～15分钟后停火。反复进行4次，即中间停火3次，让调味料的成分进入兔肉内。煮制时还要根据兔龄大小和兔体大小掌握火候。成年兔或大块肉煮制时间要长些，幼龄兔或小块肉煮制时间要短些。检查是否已熟透时，可用筷子插进肉中检验。

煮制好的兔肉捞出放在箅子上晾去表面水分，运进包装间进行包装。

6. 真空包装 每袋装入的重量按商品设计的规格进行，如可按500克/袋或250克/袋包装，也可以1只兔装1袋。如果是按只装袋，灭菌完毕装入彩袋后应称重，在彩袋上打印重量。

真空包装时，装袋的工作人员要把袋口撑开，进料时避免兔肉上的油脂黏在袋口上，影响封口效果。如果不小心把油脂抹在袋口上，应及时用干净的布擦去，这样也不会影响封口效果。

真空包装前根据包装材料，把真空包装机调整好。真空包装机正面下方有3个控制旋钮，即抽空时间控制钮、热合时间控制钮和热合温度调节钮，将它们调好，经过试验包装效果后，方能正式抽空封袋。

7. 中温灭菌 即使兔肉在105℃的温度下处理40分钟，也可以根据自己的生产情况通过试验后确定准确的灭菌时间。

8. 彩袋包装 灭菌后待肉制品晾凉后，在真空包装袋外再套上一层彩袋。彩袋的一面要印有注册商标、产品名称、原料、调料、净重、出厂日期、保质期、生产厂家、厂址、联系电话、条码等，最后封袋后装箱入库。

(三)抽 检

1. 灭菌情况的检查 每生产一批产品后，要从中抽出一部分成品置于恒温培养箱中，在36℃～37℃的温度下放置2昼夜，取出时如果各袋都正常，就说明灭菌彻底，质量合格。如果有胀袋现象，说明灭菌不彻底，应立即查找原因。

2. 品质检查 产品特点为口感韧且烂，有嚼头，咀嚼过程中醇香可口。在自然温度下可以保存6个月左右。

二、非风干五香兔肉加工技术

该项技术是由五香牛肉、五香猪蹄等肉制品生产技术移植过来的，结合兔肉的特性加以改进、完善，生产出的兔肉产品味道芳香、清甜爽口，成为传统特色兔肉制品之一。

(一)原料和辅料

1. 原料 健康、丰满的兔胴体，每只重量在1.5～2千克。

2. 辅料 以50千克原料计算，葱1千克、鲜姜500克、食盐2千克、红糖1千克、料酒100毫升、味精1千克、酱油500毫升、大茴香300克、小茴香100克、花椒150克、桂皮70克、陈皮100克、丁香200克、乳香70克、砂仁100克、高良姜200克、肉豆蔻70克、枸杞子100克、木香70克、山药80克、山柰70克、黄芪70克、胡椒50克、甘草70克。

(二)加工工艺

1. 原料处理 健康活兔宰杀去皮、去内脏，将体表和腹腔内的脂肪、筋头、血管头等清除干净，投入清水池中浸泡2～3小时，漂去淤血、杂污、毛等，用清水洗净，至肉内不再渗出血水为止。

2. 预煮 将洗净的兔胴体或大的肉块放入锅内，锅内添满清水，至淹没兔胴体或肉块为止，用旺火煮沸5分钟，除去腥味后再用清水漂洗，冷却后晾干体表的水分。

3. 上色 与加工开封风干五香兔肉的上色过程相同。

4. 油炸 与加工开封风干五香兔肉的方法相同。

5. 调卤 将香辛料碾碎混合均匀，与葱、姜一起装入纱布袋中，扎口后放入锅内，再加入清水适量，放入料酒、白糖、食盐等其他辅料，在旺火上煮沸即为卤汤。如果要连续生产，为了节省原料和时间，要做好以下两方面工作：一是当一批兔肉出锅后，要及时把卤汤用纱布过滤后倒入容器内保存，待下一次煮制兔肉时，煮至微沸，撇去浮沫后即可将新兔肉放入。二是要注意适时添加香辛料、辅料和水，香辛料以及葱、姜的添加可采取以下方法，即第一次加工时将全量的香辛料和葱、姜放入第一袋中调制卤汤，待卤汤变淡后，按第一袋料量的20%称取新料，装入第二袋中，煮制时将两只袋子同时放入锅中。待卤汤再次变淡后，仍按第一袋料量的20%称取新料装入第三只袋中，煮制时连同前两只袋子一同放入锅中,以此类推,待放入第六只袋的时候,将第一只袋取出,以后每加入一袋,则将最先放入的一袋取出。注意,每次在添加香辛料和葱、姜的时候,也要按比例加入适量其他辅料。加水则以每次保持水面刚好没过锅中兔肉为准。

6. 煮制 即称卤制,将油炸后的兔胴体或兔肉块放入卤汤中,以旺火煮 20 分钟左右,再用文火煮 50 分钟左右,煮至兔肉块熟透后捞出、冷却。

(三)煮制后的处理

1. 浸汁 将煮制后冷却的五香兔肉用清水漂洗,除去肉表面多余的汤料味,并晾去表面的水分。然后用硝水、葱花、姜汁等配成溶液,将兔肉放入浸泡 30 分钟左右,再捞出晾去表面的水分,用熟麻油涂抹肉表面即可。

2. 包装灭菌 抹油处理后的五香兔肉进行真空包装,经巴氏灭菌法灭菌后直接销售或贮存。

三、酱香兔肉加工技术

酱香兔肉由南京农业大学陈伯祥教授研发,产品风味独特,色泽鲜艳,且不添加任何防腐剂和色素,食后回味绵长,深受消费者欢迎,加工技术被广为传承。但是,本产品在调卤、煮制时工艺较复杂,难于掌握,初次加工该产品时,最好请技术熟练的专业人员指导。

(一)腌制液配方与配制方法

1. 配方 水 100 升、生姜 2 000 克、葱 1 千克、大茴香 1 千克、食盐 17 千克。

2. 配制方法 先将葱、姜洗净,姜切片,葱切段,然后与大茴香一起装入料包中,放入锅底,加入规定量的水,煮沸后将汤倒入腌制缸或桶中,按配方规定量加入食盐,搅拌均匀,冷却至常温待用。

(二)香料水配方与配制方法

1. 配方 水 100 升、大茴香 3 千克、桂皮 3.5 千克、生姜 5 千克、葱 4 千克。

2. 配制方法 将以上配料装入袋中放入锅内加水熬煮，水沸后焖煮1～2小时，然后再用双层纱布过滤，装入容器中待用。

（三）初卤配方 水80升、香料水20升、白糖20千克、酱油8升、蚝油8升、料酒4升、味精2千克、调味粉2千克。

（四）二卤配方 香料水5升、白糖700克、酱油3升、蚝油3升、料酒2升、味精1.5千克、调味粉1.5千克，配制时加入余卤液。

（五）煮制液配方 水100升、白糖2.5千克、酱油1.5升、料酒100毫升、味精400克、调味粉150克、香料水3升。

（六）稠卤配方 老卤30升、白糖13千克、酱油3升、蚝油1.5升、料酒2升、味精800克、调味粉700克。

（七）加工工艺

1. 原料选择 选择新宰杀的新鲜兔肉或解冻后的冻兔肉。

2. 清洗整理 将兔肉上的污血、残毛、脂肪块、残屑等修整干净后，用清水漂洗，沥干表面水分备用。

3. 打孔 在兔肉上用带针的木板均匀打孔，以使料液在腌制或煮制时迅速、均匀地渗透进肉内，缩短腌制或煮制时间。

4. 腌制 将处理好的兔肉用腌制液腌制，兔肉上压一重物，使兔肉全部浸没在液面以下。在常温（20℃左右）条件下腌制4小时，0℃～4℃条件下腌制5小时。

新配的腌制液，当天可连续使用2～3次，每次使用前需要调整腌制液的浓度，若浓度降低可加盐调整。正常情况下使用过的腌制液应当天倒掉，隔天不能再次使用。

5. 煮制 将100千克兔肉分别放入初卤、二卤和煮制液中煮制，每次煮制均先加热至微沸，而后转为小火焖煮，焖煮温度和时间为95℃、50分钟。

6. 过稠卤 将已煮好的兔肉分批、定量投入稠卤锅内浸煮3分钟左右，出锅放入清洁的不锈钢盘中送冷却间冷却。

7. 冷却、包装 冷却10～15分钟即可包装，按规定的包装量进行称量，包装时剔除尖骨，以防刺破包装袋。

8. 巴氏灭菌和冷却 采用巴氏灭菌法灭菌，而后用流动自来水或冰水使产品迅速冷却至常温。

四、酱麻辣兔肉加工技术

酱麻辣兔肉也是陈伯祥教授开发的特色系列兔肉制品之一，产品的口感特点为麻辣鲜香，色泽明亮，呈橘红色，深受北方各省和中原地区消费者的欢迎。加工工艺与酱香兔肉相似，只是配料有些许差异。

（一）腌制液配方与配制方法

1. 配方 水 100 升、生姜 2 千克、葱 1 千克、大茴香 1 千克、食盐 17 千克。

2. 配制方法 先将葱、姜洗干净，姜切片，葱切段，与大茴香一同装入料袋中，加水煮至沸腾，然后将煮沸的腌制液倒入缸中或桶中，按配方规定量加入食盐，搅拌均匀后冷却至常温备用。

（二）香料水配方与配制方法

1. 配方 水 100 升、大茴香 3 千克、桂皮 3.5 千克、生姜 5 千克、葱 4 千克。

2. 配制方法 将以上配料按规定量装入袋中放入锅内加水熬煮，水沸后焖煮 1～2 小时，然后再用双层纱布过滤，装入容器备用。

（三）初卤配方 水 80 升、香料水 20 升、白糖 20 千克、酱油 8 升、蚝油 8 升、料酒 4 升、味精 2 千克、调味粉 2 千克。

（四）稠卤配方 初卤 30 升、白糖 10 千克、酱油 3 升、料酒 2 升、辣椒粉 3 千克、川椒粉 500 克、麻油 1.5 升、味精 800 克、调味料 700 克。

（五）煮制液配方 水 100 升、白糖 2.5 千克、酱油 1.5 升、料酒 100 毫升、味精 400 克、调味粉 150 克、香料水 3 升。

（六）加工工艺

1. 原料选择 应选用刚宰杀的鲜兔肉，或冷冻后解冻的兔肉，最好选用兔前腿或肋间肉为原料。

2. 清洗整理 将兔肉清洗干净，去污、去油、去筋头和残留的血管等。

3. 腌制 将处理好的兔肉入腌制缸内浸腌，兔肉上压盖重物，使兔肉全部浸没在液面以下。

常温(20℃左右)条件下腌制 3 小时，0℃～4℃条件下腌制 4 小时。

4. 煮制 将 100 千克兔肉分别放入初卤和煮制液中，在 95℃下焖煮 30 分钟。

5. 浸稠卤 先将稠卤煮沸调好，再将已煮好的熟兔肉分批、定量投入稠卤锅内浸煮 3 分钟左右，出锅时捞入不锈钢盘送冷却间冷却。

6. 冷却、包装 冷却 10～15 分钟，包装时按规定的包装规格进行称量。包装时要剔除尖骨，清除骨茬，以防戳穿包装袋。

7. 巴氏灭菌和冷却 巴氏灭菌法灭菌，灭菌后用流动自来水或冰水使产品迅速冷却至常温。

五、洛阳卤兔肉加工技术

洛阳卤兔肉风味奇特、肉质鲜嫩、烂熟爽口，透出作料的清香味，冷热均可食用，老少皆宜。

(一)原料和辅料

1. 原料 健康、丰满的家兔或野兔，胴体重在 1.5～2 千克。活兔宰杀放血、去皮、去内脏，清除体表、胸腔、腹腔的脂肪块、血管、筋头等杂物。洗净胴体表面和体腔内的污物，挂在晾肉间风干。

2. 辅料 按 50 千克原料计算，大茴香 50 克、小茴香 25 克、花椒 75 克、桂皮 50 克、肉豆蔻 50 克、白芷 50 克、草果 50 克、丁香 25 克、乳香 25 克、砂仁 50 克、高良姜 30 克；食盐 2.5 千克、葱 1.5 千克、姜 1.5 千克、味精 50 克、酱油 1 升、红糖 1 千克。

(二)加工工艺

1. 漂洗、晾晒、上色 兔胴体投入清水池中浸泡 2～3 小时后洗净，挂在晾肉间风干，晾去体表和体腔内壁的水分，使表皮形成一层硬膜，按压肉层厚的部位周围有皱纹出现。

上色的色料为蜂蜜。1份蜂蜜加2份水调和均匀后，把兔胴体放入容器中，使兔胴体表面和体腔内都沾上一层蜂蜜液。

2. 晾干、油炸 涂完蜂蜜的兔胴体再次挂在晾肉间将体表水分晾去，然后进行油炸。将油温定至180℃，油量以能浸没1只兔为准，待兔胴体表面炸成橘红色时，即可捞出。

3. 卤制

(1)*煮制液配制* 将辅料中的香辛料装入纱布袋中，再把葱洗净切成长段、姜洗净切成片与香辛料袋一起放入煮锅内，加水50升，加热使料汤煮沸20～30分钟，加入食盐、味精、红糖、料酒，搅拌使其充分溶解。

(2)*卤制方法* 油炸后将兔胴体上的油沥除，放入煮制锅内。摆放兔体时要挤紧，不留空隙。摆放后如果原有的卤汤没能浸没兔胴体，可以再加水，使其完全浸没兔体。然后在兔体上面加压重物，使兔胴体在煮制过程中不会露出水面。以上工作做完后继续加热，开始用大火煮制，使卤锅沸腾持续30分钟，待闻到料香时改用小火煮制2小时。

如果需包装上市，可用小火煮40～50分钟即可，因为还要采用巴氏灭菌法灭菌。

4. 包装、灭菌 煮制好的卤兔肉从卤锅中捞出放入不锈钢盘中，送往冷却间冷却10～15分钟后再进行装袋，包装袋可用铝铂或塑料、尼龙混合薄膜袋，真空封袋机封袋，巴氏灭菌法杀菌，冷却后贮存。

六、广汉卤兔肉加工技术

四川广汉卤兔肉是根据我国酱卤肉制品加工的基本要求，结合当地口味和肉食品加工风格而形成的地方风味。加工后的兔体内有肾脏而无其他内脏，颜色棕红，咸度适中，味香。

(一)原料和辅料

1. 原料 活兔宰杀放血,剥皮,剖开腹腔、胸腔,除去肺脏、心脏、胃等内脏,只留下肾脏。兔血用干净的容器接留备用。剥皮后的兔胴体摘去体腔内和体表的筋、膜、血管头、脂肪块、淤血块等,洗涤干净,晾去体表水分。

2. 辅料 按50千克原料计算,食盐3～3.5千克、白胡椒50克、大茴香100克、小茴香100克、肉豆蔻50克、山柰50克、花椒100克、月桂叶70克、荜拨70克、陈皮100克、高良姜100克、鲜姜100克、排灵草25克。

(二)加工工艺

1. 涂血和烘烤 在已经晾去体表水分的兔胴体上用兔血涂遍,置于点燃的玉米秸秆上烘烤,50千克的兔胴体约需玉米秸秆11千克,烘烤时间在30分钟左右。

2. 熬制卤汤 将辅料备齐放入煮锅内,加入清水50升,熬煮制成卤汤。

3. 卤制 将涂血、烤制后的兔胴体投入卤汤中煮熟、煮透。

4. 成品处理 将熟透的兔肉从卤汤中捞出,送往冷却间晾凉即为成品,可以不包装零售处理,也可以真空包装、巴氏灭菌法灭菌后运往异地销售。

七、甜皮兔肉加工技术

甜皮兔肉外观枣红油润,肉质细嫩,口感蜜爽,多汁化渣。

(一)原料和辅料

1. 原料 所需要的原料为白条兔,但要进行特殊处理,才能符合甜皮兔肉加工的要求。

(1)原料选择 选用体重在2.5～3.5千克的健康、膘好、体壮、丰满、背宽、臀圆的青年兔或成年兔,符合检疫标准要求。

(2)宰杀放血 为了确保原料兔符合制坯等加工工序的要求,宰杀前原料兔要停食10小时左右。采用棒击法宰杀,用左手提起待杀兔的双耳，右手持棒，猛击兔的后脑，将其击晕后挂在板扣上，再将兔头扳向后方，以左手食指和拇指捏住颌下第二、第三颈椎的背侧毛皮，固定气管、血管和食管，右手持刀迅速将其切断，放下刀后用右手握住兔头帮助放血。放血时间为1～2分钟。注意宰杀刀口不宜过大，否则会影响成品外观。宰杀后立即烫毛，以防兔体僵硬，造成毛孔紧缩，不好煺毛。

(3)烫毛、煺毛　因甜皮兔肉成品需保留兔皮，故料坯的准备过程中涉及烫毛、煺毛等工艺。

①烫毛技术　烫毛动作要迅速，兔体各部位受热要均匀，烫毛时间要恰到好处。烫毛的水温在60℃～65℃，浸烫兔体时，将兔体徐徐下沉，并来回摆动，使水尽快淹没兔体。同时，右手持一木棍搅动，促使兔毛迅速浸透。当兔毛全部浸湿后，按胸脯、胸侧、脊背、头颈顺序掀动一次兔毛。全部烫遍后，可试煺头部和脊背部毛，如能顺利煺下没有毛根，说明已经浸烫好，可立即捞出煺毛。

实践证明，烫毛温度过高，会造成兔体皮肤蛋白质胶样硬化，皮肤弹性下降，导致煺毛时皮肤破裂，皮肤出现油浸，影响成品上色，使成品外观颜色不均匀。而烫毛温度过低时，则出现生烫，煺毛困难，也容易造成破皮，影响成品外观。

②煺毛技术　烫毛后要立即煺毛，否则兔体尸僵、毛孔紧缩不易煺毛。煺毛时，手掌不仅要用力适度，而且要紧贴皮肤，否则易使皮肤破裂。煺毛顺序通常为先煺后腿毛，再煺颈毛、头部毛、体侧毛、脊背毛，再左右同时抓兔裆、揪兔尾，整套煺毛动作一气呵成。

(4)开膛拉肠　将煺毛后的兔体，先截去爪和尾根，然后用清水冲净兔体上的残毛，再用尖刀在腹部刺开3厘米左右长的刀口，并旋割半侧肛门。把兔体仰放在操作台上，将右手食指和中指插入腹腔，划断内脏两侧和脊背方向的网膜，左手从颈窝处推压胸腔，右手逐一拉出内脏、食管和气管。最后用尖刀旋割下肛门和肠道。开膛拉肠后的白条兔用清水漂洗，浸出残血等污物，然后晾挂在通风处，沥干备用。

2. 辅料配方及调卤

(1)辅料配方　按 80 千克原料计算，黄酒 5 升、白糖 4 千克、食盐 3 千克、大茴香 100 克、桂皮 100 克、陈皮 150 克、花椒 50 克、丁香 70 克、乳香 70 克、生姜 85 克。

(2)调卤　将辅料装袋放入锅底，加水 100 升，旺火煮沸后改用中小火煮制 1 小时，即为新卤，已卤制多次以上的卤汁称老卤。

(二)卤制与挂糖

1. 卤制　把卤汁用急火煮沸，再把晾干的兔体卧放入卤锅内，一只一只地挤紧，卤汁以淹没兔体为度，兔体上再加压重物，以免兔体漂浮。处理好后用大火煮沸，除去汤面污物，再换用微火继续煨煮，直至原料兔断生，肌肉疏松，无淤血残存，捞出即为半成品。

2. 挂糖　待半成品晾干后，用焦糖稀刷涂表面，然后再撒上少许熟芝麻等香料，即为甜皮兔成品。涂糖稀是甜皮兔呈现悦目外观和独特风味的重要环节，如糖稀涂多，甜味过度，影响香料成分的呈现；如果糖稀过淡，影响外观色泽。通常按 1∶4 的糖、水配合比例调配，涂刷 1～2 次即可。

八、芳香兔肉加工技术

芳香兔肉是在酱卤兔肉加工基础上不断改进而形成的加工技术，加工出的产品外观油润，色泽鲜艳，肉质疏松细嫩，入口化渣，咸淡适中，酱香浓郁。

(一)原料和辅料

1. 原料　选择健康活兔，宰杀放血后，经剥皮或煺毛，由腹正中线开膛，除去全部内脏，将兔胴体分成 7 块，即四肢、颈和 2 块背肋。

把兔肉块放入清水中浸泡洗涤，时间一般为 1～3 小时，浸漂至肉中没有血水为止。漂洗用水要充足、清洁。

2. 辅料　以下辅料用量均按 100 千克原料计算。

(1)腌制液所需辅料　食盐 2.5 千克、白糖 1 克、亚硝酸钠 10

克、混合磷酸盐 100 克。

(2)卤液所需辅料　陈皮 100 克、桂皮 300 克、生姜 300 克、丁香 70 克、白芷 300 克、砂仁 50 克、白豆蔻 50 克、草豆蔻 100 克。

(二)加工工艺

1. 腌制　先把食盐、亚硝酸钠和白糖充分混合粉碎后,用手均匀地抹在兔肉表面。磷酸盐应先用少量温水溶解并冷却后,再均匀地洒在兔肉上,最后再把兔肉揉搓一次。把肉块尽量堆实,上面用塑料薄膜覆盖,防止水分蒸发,再盖一张牛皮纸,以防光线直射在兔肉上,影响腌制效果。

腌制时间长短与腌制温度有关,温度低时腌制时间长,温度高时腌制时间短。但在温度高的情况下,微生物繁殖快,容易造成微生物的大量繁殖和肉中酶的酵解,引起兔肉变质甚至腐败。所以,以在 5℃～10℃的条件下腌制 48～72 小时较为适宜。夏季生产时腌制室应降温,使腌制室温度维持在 10℃左右;春、秋季和冬季中原地区以北在室温下腌制即可。在实际生产中,腌制时间应根据当时的温度灵活掌握,通常待肉块硬实、呈鲜艳的玫瑰红色即告腌制成功。

2. 油炸　腌制好的兔肉挂在通风的室内晾去表面的水分,均匀地涂上一层糖色或糖液,糖与水的比例以 2∶3 为好。再次晾去兔肉表面的水分,然后在 150℃～180℃的热油锅内炸 30 秒,兔肉表面呈酱红色时即可捞出。

3. 卤制　把卤液辅料用纱布包好放入卤锅中,加入 100 升水,大火煮沸 5 分钟左右,下入兔肉,继续煮制,并撇去卤液上的浮沫,然后加入食盐 200～400 克,改用小火慢煮,保持锅内的卤液温度在 85℃～90℃,慢煮 2～3 小时,此时兔肉已经烂熟,可以不包装直接出售。如果需包装、灭菌后上市,煮制时间可适当缩短。

在慢煮过程中,要轻轻翻动兔肉 2～3 次,但切勿把兔肉翻烂。

(三)包装、灭菌和贮存

1. 包装　包装材料要致密、强度大、阻隔氧气渗入,耐热、耐压，以免灭菌处理时损坏包装袋。装袋后真空抽气封口，即为真空包装。

2. 灭菌 采用巴氏灭菌法。

3. 贮存 巴氏灭菌后在材料包装袋外再包一层彩袋，彩袋上印有商品名称、商标、条码、企业名称、企业所在地、电话等。彩袋包装后已形成完整的商品，可以直接外售，不能直接外售的可以暂时贮存，贮存温度以0℃～4℃为宜。

九、香酥兔肉加工技术

香酥兔肉即五香酥皮兔肉。成品外观色泽呈金黄色，表面红亮、油润，肉质细嫩脱骨，皮香酥脆，甜咸适中，香而不腻。

(一)原料和辅料

1. 原料 原料应选择3～4千克/只的成年兔或青年兔，要求肌肉丰满，背宽、腿粗、臀部结实，符合卫生检疫要求。

宰杀放血、烫毛、煺毛、开膛拉肠等工序都与甜皮兔肉加工相同，在此基础上，还要将兔体卧放在操作台上，用刀面平拍兔体数次，使兔体大骨关节脱臼或错位，然后晾干备用。

平刀拍打兔体是制作香酥兔肉的关键环节之一。拍打时力量不足，无脱骨酥肉的作用；拍打时用力过猛，易拍碎骨骼，损坏成品外形，影响产品质量，且不耐贮存。一般以大关节活动方位增大或变位即为拍打适度的标志。

2. 辅料 以50千克原料计算，食盐1.25千克、黄酒1升、味精250克、葱200克、生姜100克、淀粉250克、豆瓣酱500克、豆油250毫升、糖1.5千克、复合磷酸盐20克、大茴香500克、小茴香250克、肉豆蔻200克、桂皮70克、砂仁70克、白芷50克、丁香50克、山柰60克、草果70克、花椒200克、陈皮200克、甘草50克，另备适量饴糖和二丁基羟基甲苯。

(二)加工工艺

1. 腌制、嫩化 造型后的兔体放置在腌制缸中进行腌制。腌制液配方：将食盐、白糖、黄酒、味精、豆瓣酱和各种香辛料按配方量加入锅中，加水50升左右，煮沸20分钟以上，腌制液出味以后放凉备用。冷却的腌制液倒入腌制缸中，以完全浸没兔肉为度，腌制时间为12小时。腌制的目的是除腥、增香和嫩化，经过此过程处理的兔肉，香味浓郁，保水性和嫩度均明显提高，可减少卤制时间，大大提高成品率。

2. 卤制 将腌制液倒入锅中，如各种辅料不足可适当添加，煮开后将兔体放入卤锅中，排放紧密，其上加压重物，不让兔体漂浮。先大火烧沸，再转入文火焖煮，煮制40～60分钟。注意汤中的盐含量应保持在4.5～5克/100毫升，卤好的熟兔肉捞出后摊放在漏网上沥水冷却。

3. 酥皮 又称过油走红。先将饴糖薄薄地、均匀地刷在晾干水分的兔体（半成品）上，略放置片刻，以利于饴糖吸收，有助于上色。然后放入180℃的油锅内炸1～1.5分钟，目的是让兔肉表面呈金黄色或枣红色，表皮香脆。为防止油品质低劣影响产品质量，可在油中加入抗氧化剂二丁基羟基甲苯。

酥皮可使香酥兔肉成品呈现独特风味，为了保证呈色均匀、皮质酥脆，涂刷饴糖时一定要涂得均匀，且不宜涂得太厚，否则油炸时会出现焦煳现象，影响产品质量。

4. 包装 有2种形式，即不定量整只包装和不定量分部位真空小包装，包装完毕后均用巴氏灭菌法灭菌。

十、酱焖兔肉加工技术

酱焖兔肉产品呈棕红色，肉烂而不脱骨，味道渗入兔肉内部，有浓郁的酱香味和烟熏味，咸淡适中，稍有甜辣感。

（一）原料和辅料

1. 原料 选择健康无疾病、肥瘦适中、整体丰满的兔。将活兔宰杀、放血，剥皮开膛，除去头和内脏，用清水洗净体表和体腔。

2. 辅料 以50千克原料计算，食盐5千克、甘草150克、酱油 2.5 升、鲜姜 500 克、花椒 250 克、白酒 500 毫升、大茴香 250 克、白糖 500 克、小茴香 200 克、辣椒面 250 克、桂皮 250 克。

(二)加工工艺

1. 切块 把清膛、清洗后的白条兔每只平均切成 4 块,用硬板刷在流水中刷洗干净。

2. 浸泡 兔肉洗净后,放入清水池内流水浸泡 36 小时左右,待兔肉颜色白净时捞出,沥去体表的水。

3. 卤制 在卤锅中加入清水 50 升,然后把花椒、大茴香、小茴香、桂皮、甘草、鲜姜、辣椒面等辅料装入纱布袋中,扎紧袋口放入卤锅,再放入其他调味料一起煮制 1 小时左右。随后将兔肉块放入卤汤锅里,中火煮 90 分钟,至熟烂出锅。

4. 熏制 将适量茶叶、干净的阔叶树木锯末和红糖混合均匀放入熏锅底,熏锅内架上铁箅子,把卤制好的兔肉块放在铁箅子上,盖上锅盖、盖严缝隙,小火烧至锅内冒烟,10 分钟后取出兔肉块,在兔肉块上涂刷熬好的糖稀,回锅再烟熏 20 分钟,使兔肉呈橘红色或朱红色,取出抹上香油即为成品。

5. 包装 如果直接销售,则不需要包装、灭菌,当天卤制的应当天销完;如果是进入超市上柜台销售的,就需要真空包装,并以巴氏灭菌法灭菌。

第四节　兔肉熏烤制品加工技术

肉类熏烤制品在我国有着悠久的历史,因熏烤工艺赋予肉制品特殊的风味和口感,故深受我国各地消费者的喜爱。

此类风味制品加工技术比较简单,生产规模可大可小。但小规模生产操作卫生条件差,产品质量不稳定,缺乏市场竞争力,目前大中型生产厂家采用无烟或明炉烧烤,制成的半成品出口或销往外地,取得了良好的经济效益。

一、熏兔肉加工技术

熏兔肉是一种特殊风味的制品，其色泽呈红褐色，肉质外韧里嫩，清香可口，加工工艺不复杂，配料因各地品种不同也各有差异，形成了不同的地方风味熏制品。

(一)原料 选择肌肉丰满的健康兔作为加工的原料兔，宰杀、放血后按常规剥皮，留下头，但除去头皮和耳，再从肛门处剖腹去掉除心脏、肝脏(去胆)之外的内脏，然后将兔胴体和心脏、肝脏先用清水浸泡 3～4 个小时，再反复洗涤，直到无血水为止。

(二)辅料 以 100 千克原料计算，川椒 30 克、大茴香 50 克、小茴香 20 克、肉桂 15 克、陈皮 50 克、砂仁 30 克、高良姜 40 克、肉豆蔻 30 克、丁香 15 克、白芷 15 克、荜拨 15 克、草果 30 克、广木香 15 克、山楂 50 克、甘草 20 克、净葱 1 500 克、鲜姜 500 克、蒜 300 克、辣椒 300 克、红糖 500 克、豆腐乳 200 克、白酒 500 毫升、黄酒 500 毫升、酱油 500 毫升、味精 300 克、食盐 2.5 千克。

(三)加工工艺

1. 原料兔造型 将兔胴体由头向尾部弯曲，用两后腿夹住头颈，用细麻绳扎紧两后肢的跗关节处，使胴体呈环状造型。

2. 原料兔的煮制 将辅料放入煮锅内，加水 80 升，旺火煮至沸腾，持续 20 分钟。然后放入造型后的兔胴体。放入兔胴体时应一层一层地认真摆放，尽量减少缝隙。摆好后其上压一重物，以防兔胴体在煮制时浮在水面上，煮制液应浸没兔胴体。

煮制时先用旺火煮沸 20 分钟，停火 30 分钟，再用文火煮至肉熟为止。

3. 熏制 生烟材料用杨木、榆木木屑或新鲜干锯末，熏制方法有以下 3 种。

方法一：将煮制好的兔胴体晾去体表水分，置于架车上推入烟熏室中进行烟熏。当烟熏室内温度达到 60℃～70℃时，继续熏制 40 分钟，出室倒换位置后，再推进烟熏室熏制 30 分钟左右，直至兔体外表呈均匀的橘红色为止。

方法二：是家庭生产的熏制工艺。准备一口大铁锅，锅内放茶叶或干净锯末、红糖，锅中间架一铁箅子，将煮制好晾去水分的兔酮体放在铁箅子上，把锅盖严，小火烧锅至锅内冒黄烟，熏制10分钟停火，取出抹上熬好的糖稀，再放入熏锅中熏制20分钟左右，兔肉外表成橘红色或朱红色，取出抹上调拌的香油即为成品。

方法三：用旺火把锅烧红后，将金属箅子架在锅内，把煮制好的兔胴体摆放在箅子上，兔胴体之间要留有缝隙，以利于均匀熏制。兔体不能离锅底太近，以免温度高时将兔烤焦。放好后立即向锅底撒入砂糖，迅速盖上锅盖。糖要撒得均匀，使其充分炭化产生大量熏烟。糖撒入后先冒黄烟，后冒白烟，出现白烟时兔体基本熏好，这时可以揭开锅盖，若发现兔体表颜色浅，可以再撒些砂糖，盖好锅盖继续熏制，直到颜色变为橘红色或深红色为止。

(四)成品保存与食用方法

1. 成品保存 将熏制好的成品兔后腿用绳子扎好，挂在通风干燥处，在常温下可保存1个月；秋后气温较低的情况下可贮存3～4个月；夏季炎热天气保存不宜超过3～5天。

2. 食用方法 食用时切成薄片或肉丁，加入鲜姜、辣椒、酒、味精等作料，炒熟后食用，也可以加油与豆腐一起炒，风味独特，香味诱人。

二、北方风味熏兔肉加工技术

(一)原料 最好用当天宰杀的鲜兔肉生产熏兔肉，放置较久的兔肉若有轻微变质，加工出的熏兔肉口感就不好。若没有鲜兔肉，也可使用速冻保鲜的兔肉。每只兔胴体重应在1.25～1.5千克，体重太大不便加工制作。原料兔月龄应不超过5个月，老龄兔加工出的产品口感硬；也不能用月龄过小的，过小的兔加工出来成品不美观。用于加工的兔胴体不带头、心脏、肾脏、肝脏、肺脏等，剔除体表的筋头、血管头、脂肪块等，剪去颈部的淤血块，削去横膈，挖掉肛门及阴部两侧的臭腺，冲洗胸、腹腔中的污血，挤出大腿内侧血管中的残血。

(二)辅料 以12.5～15千克原料计算，准备白糖或红糖250克，其中125克用于卤制，另125克用于熏制，另外准备食盐500克、酱油1.5升、香油150毫升、味精50克、鲜大葱200克、鲜姜100克、陈皮50克、茶叶150克、花椒15克、大茴香25克、小茴香15克、草豆蔻15克、肉豆蔻15克、香叶15克、草果15克、山柰15克、砂仁15克、白果15克、肉桂25克、丁香15克、罗汉果15克、香果15克、当归15克、白芷15克、槟榔15克、桂圆15克、甘草15克、桂枝15克。以上香辛料一般不能少于10种，使用时不必磨碎，直接装在纱布袋中放入煮锅即可。

(三)加工工艺

1. 卤制前对兔肉的处理

(1)鲜兔肉排酸整形 将修整干净并洗净的鲜兔肉置于洁净的毛巾上，腹部向下、背部向上，屈腿，排酸整形，待胴体冷却成条形方能进入下一道工序。

(2)冻兔肉缓化 若使用的原料是冻兔肉，从冷库中取出后，打开包装物，把冻兔摆在洁净的案板上，缓缓解冻，防止堆积受压变形。

(3)兔胴体捆绑固定 把整形好的兔胴体用洁净的细麻绳捆绑造型，以防在加工过程中变形。

(4)兔肉去腥 将固定好的兔胴体放入锅内，加入冷水，使水浸没兔体。盖上锅盖把冷水烧沸，然后打开锅盖将上、下部兔肉倒换位置，盖上锅盖再把水烧沸即停火，以此方法除去兔肉的草腥味。水第二次烧沸停火后，将兔胴体捞出，洗去体表的白沫，放入另一盆中沥去体表水分。

(5)浸泡兔胴体 辅料中除茶叶、香油、味精外，把其余各种调料放入煮锅内，加入少量水搅拌均匀。将沥去体表水分的兔胴体放进锅内，向锅内加水直至浸没兔体为止，盖上锅盖浸泡2小时，使兔肉中浸入香料味和盐味。

2. 卤制方法 将浸泡兔肉的煮锅用旺火煮沸，然后转入文火继续煮30～40分钟，停火，将兔肉上下倒翻1遍，再用文火煮20～30分钟。煮制过程中应特别注意掌握火候，把兔肉煮至用筷子一插即入时即可停火，不能煮到离骨的程度，以免影响产品质量。停火后马上将兔体捞出晾凉。

3. 熏制及其他处理

(1)熏制 用备好的清洁干锅，在锅底约30厘米^{2}的面积上撒上白糖、茶叶，锅中间架上铁箅子，把煮制好的兔胴体腹部朝下、背部朝上，均匀地摆放在铁箅子上，兔体之间要留有缝隙，以利于熏烟通过。盖严锅盖，用小火将糖和茶叶烧至冒烟，5～8分钟后停火，焖5分钟左右检查兔肉表面颜色，呈橘红色或朱红色为最佳。若色泽太浅可再熏一次。

(2)出锅刷油 把香油和味精混放入碗中，隔水用文火将味精蒸化，取出放凉备用。

将熏制后兔体趁热刷上香油，油不可过多，以刷均匀为宜。

(3)散热包装 将刷完香油的兔胴体摆放在搪瓷盘中，待其自然晾凉后，可以进行真空包装，并用巴氏灭菌法灭菌。

三、五香熏兔肉加工技术

(一)原料 选择健康、丰满，重量在1.25～1.5千克的兔胴体，必须是新宰杀的新鲜兔或宰杀后速冻的兔。

(二)辅料 以50千克原料计算，食盐2.5千克、净葱段1.5千克、净姜片1千克、料酒100毫升、红糖1千克(煮制时用500克，熏制时用500克)、花椒150克、大茴香300克、小茴香100克、桂皮70克、砂仁150克、高良姜150克、丁香150克、豆蔻70克、草果70克、木香70克、甘草70克、陈皮100克。

(三)加工工艺

1. 加工前兔胴体的处理 五香兔肉也有带皮加工的，其煺毛的方法是：用70℃的石灰水浸泡兔体10～15分钟，然后捞出放在操作台上，用搓澡毛巾浸湿水迅速按顺序搓揉，越快越好，搓去体毛。浸泡时水温要保持恒定，不能忽高忽低，浸泡时间要掌握好，浸泡时间过长，则表皮蛋白质变性，搓毛时皮肤容易破损脱落，影响产品质量；若浸泡时间短或温度较低，则绒毛不易烟下，影响烟毛速度和烟毛质量，甚至烟不下毛。将烟毛后的兔胴体放入清水池中浸泡2～3小时，浸出残血。捞出后进行修整，摘除腹腔中血管、残存的脏器、脂肪块等，挂在晾肉间晾去体表和体腔内壁的水分。

2. 上色 晾去体表水分后用蜂蜜上色，用1份蜂蜜加2份水，调匀后把整只兔浸入蜜水中，使兔胴体的体表和体腔内壁都涂上一层蜜水，然后再晾去体表水分，进入下一道工序。

3. 油炸 上色后兔胴体在晾肉间晾至表面有些发硬，用手指按压时手指周围出现皱纹。此时把上色后的兔胴体投入油温为180℃的锅内炸至表皮发黄时捞出，沥去余油再进入煮制工序。

4. 煮制

(1)*煮制液的配制* 将辅料中的香辛料装在纱布袋中放入锅底，葱、姜、红糖、味精、料酒直接放入锅内，然后加水50升，用文火煮至水沸腾，持续20～30分钟，使香辛料成分煮人汤中，晾凉备用。

(2)*煮制方法* 将炸过的兔胴体摆进锅内，摆放时要挤紧，兔体之间不留空隙。加入煮制液浸没兔胴体，然后在兔胴体上加压重物，以免兔体在煮制过程露出水面。开始用大火煮至锅内汤沸腾，再改用小火慢慢煮制，经50分钟左右检查锅内兔肉是否烂熟，如果已熟即可停火，如还不够熟，可以再煮10分钟左右。

5. 熏制 用一口大铁锅，锅底铺一层柏树锯末或木屑，也可用芝麻、松子、黄米和红糖的混合物，锅上架起箅子，把卤制好的五香兔胴体摆放在箅子上，把锅盖严，然后烧火熏制。当锅盖边缘冒白烟时，停火片刻，再重新点火熏制，连续2次，30分钟左右即可熏好。注意锅内温度不要太高，应使锅内缓缓发烟，使兔肉具有一定的特殊风味。

五香兔肉成品特点为整只兔呈红褐色，有特殊的烟熏味。肉呈五香味，又有烟熏风味，香而不腻。

如果作为商品上超市柜台销售，还要进行真空包装并采用巴氏灭菌法灭菌。

四、柴沟熏兔加工技术

柴沟堡位于河北省怀安县，据该县县志记载，柴沟熏肉早在清朝同治年间就很有名气了，曾被在怀安进膳的慈禧太后和光绪皇帝点为贡品，至今已有200多年的历史。

柴沟熏肉的制作方法，在生产实践中经后人不断完善、改进和提高，现已形成了具有独特风味的柴沟熏肉系列产品，如熏猪肉、熏鸡肉、熏兔肉等，味道鲜嫩可口，深受消费者青睐。

(一)原　料

1. 原料选择　应选用胴体重在1.25～1.5千克、宰前停食12小时以上的健康兔。

2. 宰杀与剥皮　采用颈椎移位的方法宰杀活兔，颈动脉放血后迅速淋水处理，快速剥下兔皮，去掉前肢膝关节以下部分和后肢跗关节以下部分，剖腹去内脏，胴体放入清水中浸泡洗净备用。

3. 造型　将兔头向腹部弯曲至两后腿之间，一只手握紧后腿使其夹紧兔头，然后用细麻绳绑紧两后肢和两前肢，使兔体呈抱头状固定。

(二)辅料　柴沟熏兔很注重老汤的作用。传说中创始人郭老先生寿终时，其后代因老汤分配不均而发生矛盾，可见老汤在加工熏肉制品中的重要性。目前在卤制肉制品时，首先要加入一部分专用老汤，一般50千克原料至少要加10升老汤，所以对每次投入配料的多少，就没有准确的数量了，全凭经验投料，季节不同、配料质量不同、老汤用量多少和肉类不同等，每次投料量都不相同。所以，这里仅提供一个针对卤兔肉的参考配方，供初加工的厂家参考，以后可不断摸索，针对自己的情况，摸索出不同季节加工兔肉时的投料量。

大茴香 50 克、小茴香 30 克、桂皮 40 克、丁香 15 克、砂仁 20 克、荜拨 15 克、高良姜 40 克、广木香 15 克、陈皮 50 克、白芷 15 克、乌梅 20 克、山楂 40 克、甘草 20 克、青皮 30 克、枳实 15 克、枳壳 20 克、川椒 30 克、干姜 30 克、藁木 20 克、豆蔻 30 克、薄荷 20 克、川芎 20 克,以上香辛料备齐后放入纱布袋中,扎紧口备用。

另备葱段 1.5 千克、姜片 1 千克、大蒜 500 克、辣椒 50 克、红糖 250 克、豆腐乳 150 克、黄酒 250 毫升、酱油 500 毫升、味精 50 克、食盐 1.5 千克、香菇 100 克。

(三)加工工艺

1. 兔肉去腥 在一口大锅内放水至 2/3 处,再放入修整好的兔胴体,旺火将水烧沸,再用文火煮 5～8 分钟后将兔胴体捞出,沥去表面水分。

2. 煮制 先将老汤放入煮制锅内,添加一些清水将老汤冲淡。放入所有的辅料,煮至沸腾,放入去腥后的兔胴体,再加些水,使汤面没过兔胴体,兔胴体上加压重物防止其浮在汤面上。以上的工作做好后,先用旺火煮至汤沸腾,再转入文火煮 40 分钟以上,直到兔肉用筷子插时很容易插入即可停火,再焖 20 分钟即烂熟。

捞出兔胴体,沥去体表水分,转入熏制工序。

3. 熏制 熏制的方法与其他熏兔肉的方法相似,发烟材料用侧柏树枝叶、木屑和锯末,也可用柏壳、柏籽或砂糖、红糖。大量生产可用液熏法。

熏制后的产品,兔体完整、美观,表皮棕红油亮,皮面有些许皱纹,肉酥烂且熏香味浓。如果马上食用,可切成小块,淋上香油即可食用。如果贮存或外运,可进行真空包装,并用巴氏灭菌法灭菌处理。

柴沟熏兔非常重视使用老汤,老汤保存是一项很重要的工作。可以把老汤装入塑料桶放入冷库或冰柜冷冻保存。开始加工前取出解冻即可使用。

第五节　兔肉烧烤制品加工技术

烧烤制品是鲜肉在腌制后，经过烤炉的高温将肉烤熟而形成的肉制品，也称挂炉食品。利用烤制工艺制成的肉制品品牌也很多，如北京烤鸭、烤乳猪、常熟烤鸡、广东化皮烤猪、四川灯影牛肉等。烧烤技术目前已引进到兔肉加工上，形成的独特风味已小有名气，如洛阳烤全兔、大田烤全兔等。

烧烤的方法一般有以下几种。

一是明炉烧烤。用铁制或砖、水泥砂浆砌制成长方形烤炉，根据生产量可大可小。炉内用不发烟的木炭生火，然后把腌好的原料肉用铁叉叉住，放在烤炉上进行烤制，在烤制过程中不断翻转原料肉，使其受热均匀。这种烧烤方法设备简单，使用比较方便，火候易控制、产品质量好；不足之处是操作时人员要守在旁边观察与翻转，比较费工。

二是无炉烧烤。制作一个长方形的铁皮槽，长 70 厘米、宽 30 厘米、深 20 厘米，底面留适量小孔，以便供气助燃。铁皮槽用铁架架至离地面 50 厘米高处。铁皮槽两端侧壁上各焊一小铁架，高 30 厘米左右，小铁架上架起一直径 2 厘米左右的铁杆。铁槽内生起炭火，把腌制好的兔胴体固定在铁杆中央，然后不断转动铁杆使兔体各面受热均匀。这种方法设备简单，但占用人力多。

三是挂炉烧烤。也称暗炉烧烤。即修建一座能关闭的烧烤炉，炉内生木炭火或用电加热，然后将腌制好的兔体串好挂在炉内，关上炉门进行烤制。烧烤温度控制在 200℃～220℃，烧烤时间为 30～40 分钟。这种方法可批量生产，节省人工，不污染环境，目前应用的厂家比较多，但烧烤的质量不如明炉烧烤和无炉烧烤。

一、洛阳烤全兔加工技术

(一)原料　健康、肥瘦适中、体重在 3 千克左右的活兔，宰杀后取其胴体，也可使用冷冻厂速冻贮存的冻兔肉。

(二)辅料 按10千克原料计算，大茴香10克、小茴香7克、花椒15克、白芷10克、陈皮8克、丁香6克、肉桂8克、草果6克、甘草6克、食盐200克、味精10克、蜂蜜适量。

(三)加工工艺

1. 腌制液配制 将老汤放入锅中，加入适量清水，再加入辅料，把汤煮沸，煮出料香味方可停火。捞出料包晾凉后即为腌制液。

2. 腌制 把整理好的兔胴体浸入腌制液中，腌制24小时以上，温度偏高时腌制时间要短 温度低时腌制时间可适当延长，直至料香味浸透兔体为止。最后把兔胴体捞出，晾去体表水分后整形。

3. 涂蜜 晾去体表水分的兔胴体放在操作台上，在其体表涂一层蜂蜜水(蜜水比例为2∶1)，沥去表面水分后即可进入烤制工序。

4. 烤制 一般炉温控制在220℃～250℃，烤制时间长短应视兔体大小而定，中等个体通常需烤制40分钟。烤制过程中应不断转动兔胴体，使之受热均匀。也可先以120℃烤制10分钟，再升温至230℃烤制20分钟。

本产品特点为造型美观，色泽艳丽，皮脆肉嫩，清香爽口。

二、大田烤兔加工技术

大田烤兔是福建省大田县开发的一种具有地方风味的熟兔制品，加工出的烤兔色泽红润，味道醇厚，肉嫩且有韧性，保质期大为延长，成为烤兔的一大品牌。

(一)原料 健康活兔宰杀获取的鲜兔胴体或冻兔胴体。

(二)辅料 茶油、红糟、姜、葱、香油、食盐、调味素、酒精。

(三)加工工艺

1. 原料整理 活兔宰杀后煺毛(冻兔需在常温下缓慢解冻)，开膛去内脏，修净体表和腹腔内的脂肪和残存的内脏、腺体、结缔组织，洗净胴体各部位的血污和浮毛，然后把兔体放在操作台上，背朝上，头朝前以刀面用力拍打兔胴体胸背部，将肋骨拍断，胸腔壁压扁，用竹片撑开四肢并固定，使兔体呈扁长方形。

2. 煮制 在煮锅中加入适量的水、生姜片和食盐，煮沸后将整形好的兔体放入，煮制过程中需翻动兔体，使受热均匀，至煮熟去除腥味为度。

3. 烘烤 将煮制后的兔体捞出，待冷却后涂抹红糟、茶油、葱、调味素等，使兔体呈现鲜红色。用吊钩挂住两后腿，倒挂送入烤箱中开炉烘烤。烤箱温度设置在120℃～180℃，烤制30分钟左右，待体表润湿度在40%～42%时即可。

4. 整形包装 烘烤后的兔体冷却后，去掉固定的竹片，修剪兔爪、外露的牙齿和骨骼，在兔体表涂一层香油，使色泽光润、鲜艳，装入真空包装袋中，用真空包装机封口，达到真空包装的效果。

5. 灭菌 最好采用巴氏灭菌法灭菌。

6. 外包装 将灭菌后冷却的兔肉称重，按不同规格分袋包装，包装袋上需印上出厂日期、规格等，保质期在90天以上。

本产品色泽红润，肌厚肉嫩有弹性，味道醇香，具有烧烤制品特有的色、香、味。

第六节　兔肉腌腊制品加工技术

腌腊肉制品是我国传统肉制品之一，不仅具有特殊风味，而且可以长期保存，是农村常见的肉制品加工方法。传统加工方法是将畜禽肉加盐和香辛料进行腌制，再置于较低的温度下（通常在冬季）自然风干成熟，形成独特的腊肉风味。这种产品的主要特征是肉质细致紧密，色泽红白分明，味道咸鲜可口，便于运输、耐贮存、好携带。

腊兔制品在我国有着悠久的历史，因其加工方法简便，设备投资少，制品风味独特、味道醇美，可以长时间贮存，受到消费者的青睐。随着加工技术的不断提高，腊兔制品从原来的作坊式季节性生产，转变为工业化全年生产，并在生产中引进了HACCP系统，使生产走向标准化和安全化，目前已形成多种具有地方特色的产品。

一、缠丝兔加工技术

缠丝兔是我国南方地区的一种特色腊兔制品，其中以四川缠丝兔在国内享有盛名。本类产品加工历史悠久，制作精细，成品为烟棕色，色泽光亮，肉嫩肌厚，香味浓郁，造型美观，肉质紧密，表面有螺旋状花纹，咸甜适中，不仅深受国内消费者青睐，也向国外出口，成为兔肉产品的一大品牌。

(一)原料 选择膘肥体壮、肌肉丰满的兔胴体，胴体重在1.25～1.5千克，不能过大或过小，否则会影响产品质量。采用新鲜胴体加工最好。活兔经宰杀、剥皮、开膛去内脏后，进行修整，清除各部位的结缔组织和脂肪，清洗体表和体腔内的淤血。

(二)辅料 以50千克原料计算，食盐2.5千克、白糖500克、酱油2.5升、白酒250毫升、味精150克、麻油500毫升、甜面酱250克、五香粉150克、辣椒粉150克、花椒粉100克、豆蔻50克、砂仁50克、胡椒50克、桂皮75克、陈皮75克、八角100克、生姜500克、葱500克、芝麻100克、细豆豉2.5千克。

(三)加工工艺

1. 盐渍 将整理好的原料兔进行盐渍。盐渍方法又分为干盐渍法和湿盐渍法2种。在冬季、春季和秋季温度偏低时可用干盐渍法；夏季气温偏高时或只需短时间保存的可采用湿盐渍法。

(1)干盐渍法 食盐5千克、五香粉150克、硝石粉12.5克研磨均匀，混合后备用，每只兔胴体用25克。将盐渍料均匀地撒在兔胴体上，然后逐层摆放在缸中腌制，每2天翻动1次，5天左右即可完成腌渍。

(2)湿盐渍法 将辅料中的生姜、葱、八角等加水煮制成香料水，再加入其他粉状辅料混合，搅拌均匀，出锅冷却备用。用打孔器在兔胴体上打孔，无打孔器的可用尖刀在兔胴体的厚肉层戳孔或划口，使腌制液能渗透均匀。经打孔处理的兔胴体浸入腌制液中，然后头、尾交错分层放入腌制缸中堆腌，腌制过程中每天上、下午各翻 1 次，腌制 2 天即可。

2. 缠丝 将腌制好的兔胴体取出，采用湿盐渍法腌制的兔胴体可挂在架子上沥去体表、体腔中的腌制液。缠丝有密、中、疏 3 种，以密缠为最佳。每只兔约用干净麻绳 4 米，从兔头缠起，经颈部、肩胛部、胸部、腰部至后腿，丝间距离宽约 1 厘米，边缠丝边整形，胸、腹部要缠紧，前肢塞入前胸腔，后肢尽量拉直，使缠丝后的兔胴体横放时形似卧蚕，所以缠丝兔又称蚕丝兔。

3. 涂料

(1)涂料配制 将香辛料粉碎过筛，加五香粉 100 克、芝麻 100 克、甜面酱 250 克、细豆豉 2.5 千克、白糖 500 克，再加入白酒 75 毫升、酱油 750 毫升，搅拌均匀，再加花椒粉 100 克、辣椒粉 150 克。

(2)涂料方法 在缠丝后的兔胴体上均匀涂抹一层涂料，使胴体体表、体腔内壁和大腿内侧都涂上，越是肌肉厚的地方越要反复搓揉，打孔或划口的地方要多放些涂料。

4. 挂晾风干 冬季可以用自然风干的方法，即将涂料后的兔体挂在室外风干 3～4 天，再转至室内晾挂 2～3 天。工业化连续生产可用以下 2 种方法缩短晾挂时间：一是人工控温、控湿，用吹风的方法吹干，这种方法一年四季都可以使用；二是用熏烤的方法，即将涂料后的兔胴体挂在通风阴凉处风干 6～7 小时，再移至烟火上熏烤数小时。燃料为木炭加少许锯末，温度一般在 60℃左右，熏烤温度不能太高，否则容易将肉烤熟。用此种加工方法生产的产品包装后贮存，在夏季也能存放 3～4 个月，冬季可保存 6 个月以上。

5. 存放 缠丝兔成品不经熟制可用真空包装，于 0℃～4℃条件下保存。也可以悬挂在通风干燥的库房里，10℃以下的温度可存放2～3个月。

(四)熟化工艺

1. 水煮熟化工艺

(1)煮料配方　以50千克缠丝兔计算，姜750克、葱500克、食盐800克、料酒500毫升、味精150克、白糖500克。

(2)操作步骤

①浸泡清洗　将缠丝兔成品投入清水中，浸泡使其回软，并清洗体表、体腔内的污物，整理去头。

②煮制　将煮料放入锅内，加75升清水，大火煮至沸腾，20分钟后将兔肉投入汤内加热煮沸15分钟后转为文火焖煮60～70分钟。

③冷却分割　煮制后从汤中捞出兔肉，沥去表层水分，晾凉后按成品包装规格进行分割。

④真空包装　复合膜包装，用真空包装机封口。

⑤巴氏灭菌　真空包装后的成品袋用巴氏灭菌法灭菌。

⑥快速冷却　灭菌后的成品袋放入自来水池中，冷却至与水同温时(10℃左右)取出。

(3)保存　0℃～4℃条件下保质期为40天，－18℃条件下可保存5个月。

2. 蒸制熟化工艺

(1)蒸料配方　按50千克缠丝兔计算，葱段500克、姜片750克。

(2)操作步骤

①浸泡清洗　将兔体投入清水中，浸泡使其回软，并清洗体表、体腔内的污物，整理去头。

②蒸制　将整理好的兔胴体按包装规格要求切成小块，放入蒸笼，其上放葱段和姜片，通入蒸汽或用一般蒸法蒸制，蒸制时间约90分钟。

③包装与灭菌　冷却后真空包装，用巴氏灭菌法灭菌。

④保存　0℃～4℃条件下，保质期为40天，－18℃条件下可保存5个月。

(3)食用方法　开袋即食。若是在－18℃条件下保存的，需要解冻后再食用，也可以将其加热后食用。

二、板兔加工技术

(一)原料　体重为1.5～2千克的健康兔，宰后煺毛、开膛、去内脏，带头、带尾，四肢从腕、跗关节处截除，使兔胴体展开后呈梯形。

(二)辅料　以50千克原料计算，食盐5千克、八角粉50克、大茴香粉50克、肉桂粉15克、花椒粉15克、小茴香粉25克、白芷粉15克、陈皮粉25克、胡椒粉5克、砂仁粉5克、肉豆蔻粉5克、生姜片25克、葱段30克、味精25克、丁香粉15克。

(三)加工工艺

1. 原料兔整形　将准备好的兔胴体从腹中线起，上沿胸、头，下沿骨盆腔对劈，剔除脑髓，保留两肾。沿脊椎部0.5～1厘米处自上而下，将肋骨斩断压平，形成平板状。

2. 制　卤

(1)制盐卤　取食盐3千克、八角粉30克，混合均匀即为盐卤。

(2)制香料卤　取丁香粉15克、八角粉20克、小茴香粉25克、肉桂粉15克、白芷粉15克、陈皮粉25克、花椒粉15克、胡椒粉5克、砂仁粉5克、肉豆蔻粉5克、生姜片25克、葱段30克，混合后加水熬煮30分钟以上，滤去料渣，加入食盐2千克、味精25克，搅拌均匀备用。

3. 卤　制

(1)盐卤卤制　先在缸底撒一层盐卤，将兔胴体平放在缸内，放一层兔胴体，撒一层盐卤，再放一层兔胴体，层层摆放，层层撒盐卤，摆放完毕后在兔胴体上压一重物，卤制 24 小时出缸。

(2)香料卤卤制　盐卤后将兔体从缸中取出，按盐卤卤制的方法再用香料卤卤制，卤制时间为 48 小时。

4. 晾晒与烘烤　晾晒前将出缸的兔体放入沸水锅中浸泡 1 分钟，取出后涂上糖、香油、酱油，暴晒至七八成干后，用木炭、大米、松柏枝烘烤 30 分钟。

5. 包装　加工好的板兔经检验，外形美观、完整的用复合塑料袋包装，每袋装 1 只，用真空包装机封口，再套一外袋，其上印明出厂日期、批号、重量、保质期等。

本产品外表呈棕黄色板状，食用时用温水浸泡，洗去表层粉状调味料，切块蒸熟即可食用。味道香，具有特殊的松柏香味。

三、扬州腊兔加工技术

腊兔在我国已有悠久的历史，也形成了许多具有地方特色的花色品种，扬州腊兔就是其中享有盛名的地方特色品种。

(一)原料　选择活泼、健壮、被毛光顺、肌肉丰满、体重在 2～3 千克的活兔，宰杀后剥皮、开膛，除去内脏和脚爪，摘除体表、体腔内的结缔组织、筋头、血管头、脂肪块等。

(二)辅料　以 50 千克原料计算，食盐 4 千克、白糖 1.5 千克、料酒 500 毫升、味精 150 克、生姜片 250 克、大葱段 250 克、糖色 300 克、香油 150 毫升、花椒 100 克、大茴香 100 克、肉豆蔻 75 克、草果 75 克、白芷 50 克、桂皮 75 克、陈皮 75 克、亚硝酸盐 10 克、环状糊精 250 克。

(三)加工工艺

1. 腌制液的配制　将花椒、大茴香、肉豆蔻、草果、白芷、桂皮、陈皮等香辛料加水用文火烧沸，30 分钟后放入生姜片、葱段、白酒、味精、白糖、亚硝酸盐等，搅拌均匀，倒入腌渍缸中冷却备用。食盐的添加量在春、秋季为腌制液的 5%，在夏季为腌制液的 6%，冬季腌制时间为 8～12 小时，中间翻缸 1 次。

2. 出缸整形 腌制后的兔体出缸后修去筋膜、脂肪块等杂物，切开胸肋骨4～5根至颈部，腹部朝上将前肢扭转到背部，按平背部和腿，撑开后使兔体呈平板状，再用竹条固定形状制成兔坯。

3. 风干

(1)常温风干 将兔坯悬挂在通风干燥处使其风干。自然风干需7～10天，待其表面干爽、含水量在25%左右时即达到腊兔生干制品要求，可以包装上市销售。

(2)烘房风干 把兔坯平放在车架上，推进50℃～60℃的烘房内，吹风使空气流通进行风干处理，中途转车时，涂上烟熏液，继续烘烤15～18小时，冷却后涂抹香油，包装后即为成品。

4. 熟制品加工 锅内放入腌制兔体剩余的腌制液，再加入适量3%～4%的盐水，配成煮制液，煮制时以煮制液没过兔坯为好。大火煮沸去除兔坯表面污物，然后改用文火预煮。

(1)高温灭菌 煮制10～15分钟取出兔坯，冷却后分部位真空包装，灭菌时使用高压消毒柜，在121℃下维持15分钟，停止供温，使柜内温度降低20℃～30℃，再升温至121℃维持25分钟，而后再降温，再升温至121℃维持15分钟，停止供温后逐渐降温。恒温培养7天，剔去胀袋包，彩袋包装上市，保质期为6个月。

(2)低温灭菌 文火煮30分钟左右，中间翻动几次，冷却后涂抹香油，真空定量包装。90℃下锅处理30分钟，取出后快速冷却，然后在常温下放置2～4小时；第二次下锅为85℃处理30分钟，快速冷却后，恒温培养1周，无胀袋的进行彩袋包装，保质期为2～3个月。准备进行低温灭菌的产品，包装时最好在无菌室装袋，灭菌后可延长保质期。

四、香辣腊兔加工技术

本产品是用老卤腌制发酵而成熟的腊肉制品，味道鲜美，风味独特，营养丰富，携带方便，既是席上佳肴，又是馈赠亲友的佳品。

(一)原料 活兔停食12小时以上，以排出消化道内的大部分食物。宰杀后剥皮,开膛清除全部内脏、剁掉脚爪,除尽体腔和体表的结缔组织、筋头、血管头和脂肪等。

(二)辅料 以50千克原料计算,食盐2.5千克、白糖1.5千克、味精150克、生姜片250克、大葱段250克、五香粉80克、白酒250毫升、辣椒2千克、花椒1千克、白酱油500毫升、环状糊精250克、樱叶100克、亚硝酸盐8克。

(三)加工工艺

1. 香料水的煮制 将生姜片、大葱段、五香粉、辣椒、花椒、樱叶等香辛料加水煮30分钟,待出味后停火,晾凉过滤备用。

2. 腌制液制作 在50升水中加入食盐和预先煮制的香料水,再加入亚硝酸盐、白糖、味精等搅拌使其溶解均匀,放入原料兔。

3. 腌 制 原料兔投入腌制液时要一层层地摆整齐、压紧密,腌制时间为12小时,取出晾干发酵4小时后,投入老卤锅中用文火焖煮10～15分钟,捞出晾至体表无水即可分割,分部位定量包装。

4. 高温灭菌 灭菌时使用高压消毒柜,在121℃下维持15分钟,停止供温,使柜内温度降低20℃～30℃,再升温至121℃维持25分钟,而后再降温,再升温至121℃维持15分钟,停止供温后逐渐降温。取出后于37℃条件下培养7天,无胀袋的即可装入彩袋上市销售,保质期6个月。

五、川味腊兔加工技术

川味腊兔身干质洁,红亮油润,咸度适中,肉嫩味美,食不塞牙,腊味丰厚。

(一)原料 选择体重在2～3千克的活兔,用棒击法或电击法致死,剥皮,开膛除尽内脏,去脚爪,用刀背在脊椎两侧根部砸断肋骨,从背部将其拍平,用竹片撑成板状。

(二)辅料 以50千克原料计算,食盐3千克、硝酸盐80克、花椒 100 克、八角 150 克、陈皮 100 克、辣椒 80 克。

(三)加工工艺

1. 盐　渍

(1)干盐渍法　将香辛料加工成粉，与食盐、硝酸盐混合均匀后揉搓到兔胴体表面和体腔内壁，摆放在缸中腌渍 8～12 小时。

(2)湿盐渍法　将食盐、硝酸盐、香辛料粉用 7.5 升凉水拌成湿料涂抹于兔体表面和体腔内壁，然后一层层地摆放在腌制缸中，兔体上层压重物，使兔胴体紧密贴在一起。腌制时间为 6～10 小时。

2. 整形　盐渍后将兔胴体放在案板上，腹部朝下，将前腿扭转至背上，再用手将背腿按平。

3. 风干　将整形好的兔胴体挂在阴凉通风处使其自然风干。如果是规模生产，连续作业，也可以用烘房烤的方法风干，烘烤室温度在 50℃～60℃，可用电风扇吹风使室内空气流动。风干后即为成品，可按不同要求进行包装上市。

4. 成品率和保存方法　成品率在 50%左右，不包装的情况下悬挂在通风干燥处可以存放 3 个月左右。

5. 食用方法　食用时煮蒸均可，味道鲜美、口感柔嫩，有助食解腻的特点。若再浇少许麻油，加少许姜末、葱末，味道更加鲜美。

六、红雪兔加工技术

优质品色泽红亮，肌肉富有弹性，肉质地细嫩而致密，表皮干燥酥脆，风味醇厚，咸甜适中，出品率为鲜肉的 50%～55%。

(一)原料　选择膘肥、健壮，体重在 3 千克以上的活兔，宰杀剥皮后，沿腹中线开膛，除尽内脏和脚爪。洗净体表和腹腔，摘除筋头、结缔组织和脂肪块。将兔胴体放在案板上，腹部朝下将腹、胸腔拉开，用刀侧面拍打兔胴体背面，将肋骨打断，并用竹片将兔胴体撑成平板状。

(二)辅料　以 50 千克原料计算，食盐 2.5 千克、料酒 1.5 升、白砂糖1千克、白酱油1.5升、花椒150克、怪味粉50克。

(三)加工工艺

1. 腌　制

(1)干腌法　将食盐炒至灰白色，花椒磨成粉，将炒盐、花椒粉、白糖、怪味粉混合在一起，均匀地揉搓在兔体表面和嘴内，然后将兔体一层一层地摆放在腌缸内，上面压一重物，腌渍1～2天，中间翻缸1次。出缸后晾去体表水分后再将料酒、白酱油均匀地涂抹在兔体正反两面。

(2)湿腌法　将辅料用沸水煮5分钟，冷却后倒入腌渍缸中，把兔体一层一层地摆放在缸中，以腌制液浸没兔体为度。浸渍2～4天，每天上下翻动1次。

2. 修割整形　兔体出缸后放在操作台上，腹部朝下，将前肢扭转到背后，按平背部和腿，形成平板状。

3. 风干发酵　将固定为板状的兔体挂在通风阴凉处，自然风干，并完成发酵过程，通常需1周左右。遇阴雨潮湿天气，可采用烘干的方法。

4. 食用方法　食用时煮蒸均可，熟制后淋上少量香油，味道更好。

七、晋风味腊兔加工技术

(一)原料　选择健康活兔屠宰，剥皮、清膛后洗净淤血，摘除体内外的膜、结缔组织，沥干体表和体腔内的水分备用。

(二)辅料　以50千克原料计算，食盐2.5千克、料酒1升、生抽酱油2升、白糖3千克、五香粉50克、复合磷酸盐70克、亚硝酸钠10克。

(三)加工工艺

1. 腌制料配制　将食盐、白糖、五香粉、复合磷酸盐、亚硝酸钠混合均匀，倒入料酒、生抽酱油调成糊状备用。

2. 腌制　将调制好的糊状料涂抹在兔胴体内外，体腔内多涂，体表少涂。全部涂抹后，将兔体整齐地叠放入腌缸内，腌制3～4天，每天翻缸1次并揉搓兔体，促进腌制料渗入。

3. 缠丝 用细麻绳均匀地按头、颈、躯体、后腿的顺序进行螺旋状缠丝，缠丝间距离1.5厘米。

4. 风干 缠丝后，吊在通风处稍加风干，挂在烘房进行干燥，烘烤温度70℃，烘烤2小时左右出烘房。出烘房后继续在通风处通风日晒6小时，再转入烘房以50℃的温度烘烤5小时，烘烤过程中涂油4～5次。

八、广汉缠丝兔加工技术

（一）原料 应选择100日龄左右的青年兔，体重2.5～3千克，胴体重1.25～1.5千克。宰杀后剥皮、开膛去内脏，剁掉脚爪，保留完整胴体备用。

（二）辅料 以50千克原料计算，食盐1千克、硝酸钠2.5克、白糖1.5千克、甜面酱2.5千克、细豆豉200克、鲜姜汁2升、白酒500毫升、豆油1.5升、胡椒粉50克、花椒粉150克、香油适量，另备砂仁10克、小茴香10克、山柰2.5克、桂皮12.5克，共研为细末备用。

（三）加工工艺

1. 晾挂 将兔胴体冲洗干净，用麻绳拴住后腿挂在通风阴凉处晾晒，沥干水分。

2. 腌制 将花椒粉与食盐一起炒制作为腌制料，缸内先撒一层炒盐，然后每只兔体先涂抹一层盐，再洒上一层姜汁和白酒，注意腿部和头部要多一些，腰部可相对少一些，以渗透出血水排腥为目的，涂洒完毕的兔胴体一层层摆放在缸内，其上压一重物，然后盖好缸盖，腌制时间夏季为0.5小时，冬季为2天。腌好后晾挂于通风干燥处，待晾干水分后即可涂其他辅料。

3. 涂抹辅料 将已腌制好并晾干体表水分的兔腿部划破，用甜面酱、细豆豉、白糖、香料粉、花椒粉、胡椒粉、姜汁等辅料调成半液状的混合料，均匀地涂抹在兔胴体腹腔内壁上。

4. 造型 将兔前肢塞入前胸，后肢向后拉直，用 2.5 米长的细麻绳从后腿缠绕至头部，每隔 4 厘米左右缠 1 道，使之形成螺旋形。缠绕时将腹部两片肋骨向内互相包缠好。

5. 熏制 将缠好的腌兔放在阴凉干燥处通风干燥 7 天左右，即可进熏炉烟熏 2 天左右。

6. 煮制 将熏过的缠丝兔放入老汤中煮熟，之后解除麻绳，涂上香油即为成品。

九、盐水兔加工技术

盐水兔属温鲜生腌制品，肉色呈玫瑰色或红色，肌厚肉嫩，外形带头但无脚爪，风味鲜香醇厚，多汁化渣。

(一)原料 健康兔棒击宰杀，充分放血，剥皮去脚爪，去尾，开膛去内脏，擦净残血，剔去脂肪块和结缔组织备用。

(二)辅料 以 100 千克原料计算，食盐 6 千克、硝酸钠 50 克、白砂糖 4 千克、料酒 5 升，葱段、姜片各 1 千克、花椒 0.4 千克、复合香料 0.6 千克(由桂皮、陈皮、八角、小茴香、丁香、山柰等组成，市场有售)。

(三)加工工艺

1. 腌制 用炒过的食盐和花椒混合，遍擦兔胴体体表、体腔内壁和口腔。将涂抹椒盐后的兔胴体叠放在缸内。把葱、姜、复合香料用水煮 30 分钟，滤去渣，汤液再加入硝酸钠、白砂糖和料酒，溶解后即为卤汁。把卤汁倒入腌制缸中，以淹没兔体为度。一般抹椒盐腌制 1 天，加入卤汁再继续腌制 1～2 天即可。

2. 挂晾 兔体从缸中捞出，挂在通风阴凉处晾去水分即可销售。出品率可达鲜重的 80%～85%。

3. 食用方法 可蒸、煮、炸、熏等，辅以香辣油，味道更为鲜美。

十、酱腊兔肉加工技术

(一)原料 健康活兔用电击法致死，割断颈动脉放血，煺毛去脚爪。将兔腿拆去大骨，切成宽、厚适度的肉条，清洗去血污备用。

(二)辅料 以 50 千克料计算，食盐 1.7 千克、甜面酱 10 千克、五香粉 200 克、白砂糖 3 千克、白酒 500 毫升、醪糟 3 千克、花椒 500 克。

(三)加工工艺

1. 腌制 先在肉块表面喷洒少许白酒，使肉块软化，增强肉的吸盐性，也易于以后煮软，还能起到灭菌作用。然后将食盐、花椒粉与兔肉块充分混合，揉搓使肉块充分吸入混合料。混合、揉搓后的兔肉块放入腌制缸内，其上压一重物，腌制 4～5 天即可。在腌制过程中，每天要将肉块上下翻动 1 次，以防混合料扩散不均匀和肉块发热。

2. 酱制 兔肉块出缸后，用尖刀在每块肉边缘处刺一小孔，用细麻绳穿过，吊在屋檐下通风处晾 2～3 天。待肉块表面水分蒸发、表皮已有几分干时，将甜面酱、白糖、五香粉、醪糟混合成糊状，如果太浓，可以适当加酱油调制，然后用干净的细刷子把每一块肉上都刷一层酱料。注意要刷得薄而均匀，使每个部位都涂上酱料。剩下的酱料妥善保存，以后再用。第一次刷完后，待肉块外皮干后再刷第二次。如此反复 3～4 次，直到整个兔肉块都被酱料包住为止。

3. 晾挂 刷过酱料的肉块，挂在通风、阴凉处晾干，切不能挂在阳光下晒干。吊挂 20 天左右即为成品。

十一、芳香腊兔肉加工技术

(一)原料 健康活兔宰杀后，剥皮、开膛清除内脏，摘除筋头、脂肪块、结缔组织等非肌肉部分，洗去血污。将兔肉切成厚 3～4 厘米、宽 6 厘米、长 15～25 厘米的肉条。

(二)辅料　以 50 千克原料计算，食盐 3.5 千克、白砂糖 2 千克、葡萄糖 250 克、高度白酒 1.5 升、酱油 200 毫升、冰水 2.5 升。香辛料为大茴香 200 克、小茴香 100 克、桂皮 200 克、陈皮 200 克、花椒 150 克。

(三)加工工艺

1. 腌制料配制　将大茴香、小茴香、桂皮、陈皮、花椒等香辛料晒干，粉碎过筛制成细粉，与食盐、白糖、葡萄糖混合，即为腌制料。

2. 腌制　在腌制兔肉以前将白酒均匀洒于兔肉块上，使其发软，去除杂味，再把兔肉放入腌制料中拌和、揉搓，使肉块的所有部位都布满腌制料后，放入缸中腌制。环境温度在 10℃时，腌制时间为 3 天，温度低时腌制时间可以长一些，温度高于 10℃时，腌制时间可以短一些。腌制期间可以翻缸 1～2 次。

3. 冷水浸泡、晾晒　腌制好的兔肉条在清洁的冰水中漂洗，漂洗后用钩钩住肉块挂在通风阴凉处进行风干，直到肉块表面无水且开始发硬为止。

4. 烟熏　可用杉木、柏木锯末或柏枝、柏籽等，也可用玉米芯、棉花壳、芝麻荚等。将烟熏料引燃，再慢慢添加，使之慢慢生烟。将肉块挂在距烟熏料 30 厘米处，每隔 4 小时翻动 1 次。烟熏温度控制在 50℃～60℃，熏至肉表面呈金黄色即可，约需 24 小时。烟熏后再将肉块挂在通风阴凉处，挂晾 10 天左右使其风干成熟，即为成品。

(四)成品保存　成品的保存方法可以吊挂，也可坛装或埋藏。把肉条吊在通风干燥且比较阴凉处，可以保存 5 个月。坛装的方法是在坛底放一层 3 厘米厚的生石灰，上面铺 1 层塑料薄膜或 2 层纸，其上放腊肉条，密封坛口，可保存 8 个月不变质。如果把腊兔肉条装入隔绝性好的塑料袋内，扎紧袋口，埋在粮食或草木灰中，可以保存 1 年以上。

十二、兔肉卷加工技术

兔肉卷是剔骨兔肉经加工而成的无骨兔肉制品，是近期新开发的兔肉产品。本产品有生、熟 2 种，优质熟兔肉卷横切面呈红白相间的大理石状，肉质细嫩、多汁、清香可口，很受消费者的青睐。

(一)原料　选择健康、检疫合格、肌肉丰满、活重在 2.5～3 千克的兔，宰杀后，剥皮、清膛。也可使用来自冷冻厂、经卫生检疫合格的冻兔胴体。另需准备经卫生检疫合格的猪肥肉膘。

兔体剔骨，擦去污血，剔除结缔组织和淋巴结，分割成大块备用。猪肥肉膘切成薄片备用。

(二)辅料　以 100 千克原料计算，食盐 6 千克、花椒 0.4 千克、白糖 6 千克、五香粉 0.5 千克、料酒 4 升。

(三)加工工艺

1. 腌制　将辅料磨碎混合均匀，将兔肉块放入混合后的辅料中滚动揉搓，使其表面层每一部位都沾上辅料，放在容器中腌制 2～4 天，根据天气情况控制腌制时间，猪肥肉膘不用腌制。

2. 重组整形　将腌制适度的兔肉块与薄片猪肥肉膘重叠后卷成圆柱状，也可以叠压成长方形，再用细绳缠绕固定，或用薄膜卷紧固定。可以以生鲜肉形式出售，也可以熟制后作为快餐方便食品出售。

(四)食用方法　出品率为鲜肉的 80%～90%(生卷)。食用时用蒸、炸、熏烤、烤等方法均可。熟制后的兔肉卷也可以称为兔肉火腿，是快餐佳品。

十三、麻辣兔肉加工技术

麻辣兔肉的生肉坯也要经过腌制，因此将其归入腌腊制品类之中。现代青年人都喜欢吃辣味食品，麻辣兔肉深受青年消费者的青睐。

(一)原料　健康活兔宰杀后，清膛、摘除体表和腹腔内的血块、筋头、结缔组织和脂肪块，清洗血污，将完整、清洁的兔胴体挂晾。深秋、冬季、早春气温尚低时，可挂在通风阴凉处自然风干；温度偏高季节或连续作业时，可以建立风干室，用吹风机帮助快速风干。当兔胴体失水达30%左右时，即可停止风干。

(二)加工工艺

1. 腌制液配制 以50千克原料计算，生姜片1千克、葱段1千克、八角500克、桂皮1.5千克、花椒(四川产)1千克、辣椒(四川产)2千克、五香粉100克、食盐5千克、白糖1.5千克、白酒250毫升、味精150克、白酱油750毫升、硝酸钠或亚硝酸钠75克。将姜片、葱段、八角、五香粉、花椒、辣椒等一起用纱布包好放入煮锅，加水50升，煮沸20～30分钟香辣味入汤后，从锅中倒入缸中，再加入食盐、白糖、味精、白酒、白酱油、亚硝酸钠等搅动，使这些辅料全部溶解，放置冷却后即可使用。

2. 腌制 将风干好的兔胴体放入温水池中浸泡、洗涤，洗去表面的浮灰。然后放入腌制液中回鲜，兔胴体上压一重物，防止兔体浮出液面。腌制时间：20℃条件下腌制3～4小时，0℃～4℃条件下腌制10～12小时。

当天配制成的腌制液可连用2～3次，每次处理50千克兔胴体，变淡后再加入初配时半量的辅料重新配制。

3. 煮制液配制 按50千克腌制后的兔胴体计算，食盐1千克、白糖1.25千克、白酱油750毫升、料酒500毫升、味精200克、调味粉75克、葱段2千克、姜片2.5千克、肉豆蔻1.25千克。

将调味粉、葱段、姜片、肉豆蔻用纱布包好放入锅底，加水50升，煮沸后加入食盐、白糖、白酱油、料酒、味精等，溶解后放入兔胴体。

4. 煮制 兔胴体放入腌制液后，继续升温煮至微沸，以后转为小火焖煮，焖煮时水温为95℃，煮制时间30分钟左右。

5. 油炸和上辣料 取四川产辣椒粉1.5千克、四川产花椒粉250克，放入搪瓷盆中，再加入味精50克、调味粉300克、白糖2

千克，把3升植物油倒入锅中，烧到油温达180℃左右，倒入装有辣椒粉和花椒粉的搪瓷盆中，制成辣料备用。

将煮制后的兔胴体进行分割，即两前腿、两后腿、颈部、胸部分片，腹部分段、分片，投入油锅中炸至焦皮后捞出，趁热将辣料涂于炸肉块表面。生产量大的时候可使用搅拌法涂料。

第七节 兔肉干制品加工技术

兔肉干制品一般是先将兔肉熟制加工，然后进行成形、干燥，制成干熟制品，如兔肉干、兔肉松等。也有先成形再经熟制加工的，如兔肉脯制品。

一、传统兔肉干加工技术

(一)原料和辅料 兔肉干加工过程中由于辅料不同，其风味不同，形成了很多花色品种。但是，它们的加工方法基本相同，本部分主要介绍各种兔肉干的辅料配方，每种兔肉干加工配料都以原料肉100千克为准。

1. 五香兔肉干 白糖8.25千克、食盐2千克、味精0.5千克、酱油2升、白酒625毫升，生姜0.35千克、五香粉0.3千克。

2. 麻辣兔肉干 白糖2千克、食盐3.5千克、味精0.1千克、酱油4升、白酒0.5升，老姜0.5千克、混合香料0.2千克，胡椒粉0.2千克、辣椒粉1.5千克、花椒粉0.8千克，菜籽油5升。

3. 风味兔肉干 白糖15千克、食盐3千克、曲酒0.5升、酱油4升、生姜1.5千克、葱段1千克、黑胡椒0.3千克、咖喱粉或五香粉0.4千克、味精0.5千克、维生素C 0.1千克，β-环糊精0.15千克、八角0.1千克、肉桂0.1千克、丁香0.05千克、小茴香0.05千克、鲜辣椒粉0.3千克。

4. 咖喱兔肉干 白糖12千克、食盐3千克、酱油3升、白酒2升、咖喱粉0.5千克、味精0. 5千克、葱段1千克、姜片1千克。

5. 果汁兔肉干 白糖10千克、食盐2.5千克、酱油0.4升、白酒0.5升、姜片0.25千克、葱段0.5千克、八角0.2千克、果汁露0.2升、味精0.35千克、鸡蛋0.8千克、辣酱0.4千克、葡萄糖1千克。

(二)加工工艺

1. 原料预处理 不管是新鲜兔胴体还是冷冻兔胴体,都要先剔骨,剔除兔肉上的筋腱、肌膜、脂肪块、血管头等,清洗干净。然后顺着肌纤维切成0.5～1千克的肉块,再用清水浸泡1～2小时,以浸出血管中的余血,沥去肉块表面的水分备用。

2. 初煮 将兔肉块放入沸水中煮制,水量以浸没肉块为准。初煮时不加任何辅料,为除去异味,可在水中加入1%左右的鲜姜。初煮时水温保持90℃以上,并及时撇去汤面浮沫或污物。初煮时间随肉的嫩度和肉块大小而定,一般情况下煮1小时左右,以切面呈粉红色、无血水流出为宜。肉块捞出后,汤汁过滤待用。

3. 切坯 初煮后的肉块冷却后,按产品规格要求切成块、片、丁或条,但不管是什么形状,都要求大小均匀一致。通常要求切成1厘米×1厘米×0.8厘米的肉丁或2厘米×2厘米×0.3厘米的肉片。

4. 复煮 取20%～30%初煮时留下的汤汁,加水至肉块的重量。将各种辅料放入备好的汤中,煮制20分钟,待辅料煮出味道后再放入肉坯。然后用大火煮制30分钟,再用小火煨1～2小时,汤汁收干起锅。

5. 脱水 即除去煮制后肉块中的水分,具体方法有以下3种。

(1)**烘干法** 复煮收汁后的肉坯铺在竹筛上,置于烘房或远红外烘箱中进行烘烤。烘房或烘箱中的温度前期控制在60℃～70℃,后期可控制在50℃左右,烘烤5～6小时,使肉坯中的水分含量降至20%以下。在烘烤过程中要注意定时翻动。

(2)**炒干法** 复煮收汁后的肉坯在原锅中用文火加温,并不停地翻动，炒至肉块表面微微蓬松时即可出锅，冷却后即为兔肉块成品。

(3)油炸法　最好使用能控制油温的恒温油炸锅，将油温控制在150℃。将大块兔肉切成条后，将除白酒、白糖、味精以外的辅料，取2/3的量与肉条拌均匀，腌渍10～20分钟后，放入油锅中炸至肉块微黄，捞出并沥去附油，这时趁热将白酒、白糖、味精和剩余的1/3辅料混入拌匀即可。

6. 冷却包装　在清洁卫生、通风的冷却室内摊开自然冷却，必要时也可使用吹风的方法协助冷却。但不能放入冷库中冷却，因为这种方法容易吸水返潮。

包装应用复合膜真空包装。复合膜一定选择阻气、防潮性好的材料，这样可以延长兔肉干的保存期。

(三)出品率与保质期　传统兔肉干加工方法的出品率在45%左右，在严格包装的情况下，保质期为3～4个月。

二、新型兔肉干加工技术

新型兔肉干加工技术是在传统兔肉干加工方法的基础上加以改进而形成的新型加工技术，新型技术的产品向着现代人的消费要求发展，即产品具有组织松软、色淡、低糖的特点。

(一)原料和辅料　以100千克兔肉为配料单位，蔗糖2千克、食盐3.2千克、酱油2.5升、黄酒1.5升、味精0.25千克、抗坏血酸钠0.06千克、亚硝酸钠0.012千克、五香粉0.2千克、鲜姜汁1升。

(二)加工工艺

1. 原料选择与修整　健康兔屠宰、剥皮、清膛，冷水浸泡排出血管内的血液。然后剔骨，修除肉块上的筋膜、血管头、脂肪块等备用。

2. 切块　将原料兔切成4厘米见方的肉块。

3. 腌制　按配方要求加入辅料，在4℃～8℃的条件下腌制48～56小时。

4. 煮制 腌制结束后的肉块，置于100℃的蒸汽下加热，40℃下脱水，直至肉表面呈褐色，含水量低于30%。

5. 包装 真空包装，不需高压灭菌和冷冻，常温下运输和贮存。

三、传统蒸制法兔肉脯加工技术

(一)原料和辅料 以100千克兔肉为配料单位，白糖15千克、酱油15升、味精2千克、料酒1升、姜粉0.5千克、葱粉0.5千克。

(二)加工工艺

1. 原料清洗与整理 选择膘情好、健康的兔胴体，投入清水池中浸泡2～4小时，浸出血管中的余血，沥去表面水分后剔骨，清除肉块上的脂肪、筋腱、结缔组织等备用。

2. 切片 清洗、整理好的兔肉块切成薄片，肉片厚度为1～2毫米，大小不限，但以片大为宜。大规模生产时，可将兔肉块整形后放入冷库深度冷冻成大的冻兔肉块，然后用切片机切成薄片。

3. 腌制 切好的肉片放入辅料中进行腌制，腌制时间为20～30分钟。

4. 烘烤 取出腌制好的肉片，单层铺在竹筛上，放入70℃～80℃的烘箱中烘烤。

5. 整形与蒸制 烘烤至七八成干的兔肉片，取出后整理成正方形。然后放入蒸锅，蒸10～15分钟。

6. 包装 从蒸锅中取出兔肉块，冷却后包装即为成品。

四、传统烧烤法兔肉脯加工技术

(一)原料和辅料 选择健康、肌肉丰满的活兔，屠宰、剥皮、剔骨，对剔骨兔肉进行修剪，除掉筋膜、结缔组织、脂肪块、血管头等，再将剔骨肉整形，制成1千克左右的肉块。以100千克兔肉为配料单位，白糖18千克、鱼露12克、味精0.45千克、鸡蛋3.5千克、胡椒粉0.25千克、维生素C 0.1千克、β-环糊精0.15千克、曲酒0.5升、红曲粉0.06千克。

(二)加工工艺

1. 冷冻 将肉块放入模具内，置于冷库速冻间速冻，待肉块冻透后出库。

2. 切片 将冻结后的肉块放入切片机中切片。切片时要顺着肌肉纹理切，这样成品不易碎。肉片的厚度在1～2毫米。

3. 拌料腌制 将辅料混合均匀后倒入切好的肉片中搅拌，搅拌均匀后，置于10℃条件下腌制2小时左右，使产品入味，并使肉中的盐溶性蛋白质溢出，有助于摊筛时肉片粘连。

4. 摊筛 在竹筛上涂抹植物油，将腌制好的肉片平铺在竹筛上，使肉片粘连成片。

5. 烘烤 肉片摊放在竹筛上晾去水分后，放入远红外烘箱或烘房中脱水熟化。前期烘烤温度可以稍高一些，控制在65℃～70℃，后期温度可以稍低一些，控制在55℃～65℃。烘烤时间根据肉片厚度而定，肉片厚在2～3毫米时，烘烤时间为2～3小时。

6. 烧烤 是将烘烤后的半成品放在高温下进一步熟化，并使其质地柔软，产生很浓的烧烤味和油润的外观。烧烤时，将烘烤过的半成品肉片放入远红外空心炉上的转动铁丝上，在200℃～220℃下烧烤1～2分钟，至肉片表面油润、色泽深红色为止。

7. 压平、成形、包装 烧烤结束后，趁热用压平机压平，按规格要求切成一定的长方形。冷却后及时用塑料袋或复合袋真空包装，也可用马口铁盒(罐)加盖包装。

五、新型兔肉糜脯加工技术

肉糜脯是由各种畜禽肉斩碎加上辅料拌匀经烘烤成熟的干薄肉片。与传统肉脯生产相比，其原料更适合利用小块肉、碎肉，兔的个体小，剔骨后的肉块也小，适于生产兔肉糜脯。同时，可以避开传统工艺切片技术和手工摊筛的困难，在生产中更实用。

(一)原料和辅料 选择健康、膘情好、肌肉丰满的活兔，经宰杀、剥皮、剔骨获得净兔肉。将兔肉洗涤干净，除去结缔组织、筋膜、脂肪块等，并将大块兔肉切成小块。以100千克兔肉为配料单位，辅料用量如下：白糖12.5千克、鱼露7.5千克、味精0.2千克、鸡蛋3.5千克、胡椒粉0.2千克、白酒0.5升、维生素C 0.05千克。

(二)加工工艺

1. 斩拌 将处理好的原料肉和辅料一起放入斩拌机内斩成肉糜。斩拌是影响肉糜脯品质的关键，肉糜斩得越细，腌制液渗透得越快、越充分，肌纤维中的盐溶性蛋白质也容易充分延伸，成为高黏度的网状结构，这种结构使成品具有韧性和弹性。在斩拌过程中，需要加适量的冷水或冰水，一方面可增加肉糜的黏着性，调节肉糜硬度，另一方面可降低肉糜温度，防止肉糜温度升高而发生变质。

2. 腌制 斩拌后，将肉糜置于10℃条件下腌制1～2小时，腌制温度低于5℃时，可以延长腌制时间1小时左右。另外，适当添加复合磷酸盐有助于改善兔肉脯的质地和口感。

3. 抹片 竹筛在抹片前均匀涂抹植物油，把腌制好的肉糜均匀地涂抹在竹筛上，抹片的厚度应在1.5～2毫米，厚薄要均匀一致。

4. 烘烤和烧烤 将抹片晾去一部分水分后放进远红外烘箱或烘房，烘烤温度控制在55℃～70℃，烘烤时间为2～2.5小时，前段温度可稍高，后段温度可降低。

烧烤的目的是使肉糜在高温下进一步熟化，并产生浓厚的烧烤味和油润的外观。烧烤温度控制在200℃～220℃，烧烤时间为1～2分钟，烤至表面油润、颜色深红为止。

5. 压平、切片、包装 将烤熟后的肉脯片经压平机压平，按设计的产品规格要求切成片，冷却后包装即为成品。

六、高钙型兔肉糜脯加工技术

(一)原料和辅料 兔胴体经剔骨处理，除去脂肪块、筋膜、肌腱、淋巴结、碎骨等，将精选出的兔肉放在清水中浸泡2小时以上，清洗后晾去肉块表面水分。以 100 千克兔肉为加工单位进行配料，白糖 12.5 千克、鱼露 7.5 千克、味精 0.5 千克、鸡蛋 3.5 千克、胡椒粉 0.2 千克、混合香料粉 0.15 千克、生物活性钙制剂（按生理需要计算添加）。

（二）加工工艺

1. 斩拌 将晾去表面水分的肉块投入斩拌机，快速将兔肉块斩拌成肉糜，边斩拌边把辅料加入肉糜中，并搅拌均匀。斩拌将要结束时加入适量冷水或冰屑，使调料溶解均匀地渗入肉料中。

2. 搅拌 将斩拌好的肉料倒入搅拌机中搅拌均匀，并静置 30～40 分钟，使肉料和调味料充分混合。

3. 抹片 在竹筛上抹片，将肉糜摊抹成厚度为 1.5～2 毫米的薄片，各处厚薄应均匀一致。

4. 烘烤 规模生产的厂家多采用烘干房烘烤，将抹上肉糜的筛片放入烘干房，烘烤温度控制在 65℃左右，烘烤时间控制在 4～5 小时，使肉片中的水分大部分脱去以后，将肉片从竹筛上揭下来，冷却后即为半成品。

5. 烧烤 将半成品肉片放入远红外高温烘烤炉中烧烤，温度控制在 180℃～240℃，烘烤时间在 1.5～2 分钟，使半成品在炉中经过预热、收缩、出油直至烘烤成熟，颜色由粉红色变为棕红色，且具有光泽。

6. 压平 肉糜片出炉后趁热使用压平机压平，并按产品规格切成正方形或长方形小片，在无菌冷却间进行冷却。

7. 冷却包装 一般生产厂冷却和包装共用一室。成品冷却后立即进行无菌包装。包装内袋应选择阻气性能好的聚乙烯塑料袋，使用真空包装方法，这样在冷藏条件下贮存期为 10～12 个月，在常温下贮存期也能达到 4～6 个月。

七、红枣兔肉糜脯加工技术

（一）原料和辅料 选择健康、体重在 3～4 千克、四肢粗壮、肌肉丰满的活兔，宰杀、剥皮后，将骨骼剔除，尽量把肉分割成大块，并保持肌纤维完整，然后进行清洗，除去脂肪块、筋头、结缔组织等备用。以100千克兔肉为加工单位进行配料，白糖5千克、食盐4千克、酱油6升、黄酒6升、复合香料0.5千克。

（二）加工工艺

1. 成形 将修整后的兔肉块装入不锈钢模具内，送入冷库速冻间速冻，取出后用切片机切成薄片，薄片的厚度在1.5～2.5毫米。

2. 腌制 用适量的水稀释辅料，搅拌溶解后倒入切好的肉片中，使肉片充分吸收辅料，在室温下腌制，室温偏高时腌渍时间短，室温偏低时腌渍时间长，肉片变成玫瑰红色时，即可结束腌制。

3. 烘烤 将腌好的肉片按产品规格要求平摊于竹筛上，然后将其放置在烘房内烘烤。烘房温度控制在180℃～250℃，待肉片表面发干出油，色泽红润、呈半透明状且富有弹性时，从烘房中取出。

4. 压平包装 从烘房中取出的肉片用压平机压平，并按规格要求切块，即为成品，然后将成品真空包装，外套彩袋上市。

八、上海兔肉松加工技术

本产品鲜香绵软，味觉丰润，外观呈丝绒状。配料加盐的兔肉松呈白色，加酱油的呈黄色，成品率30%左右。

（一）原料和辅料 选择健康无病、体型丰满的活兔，宰杀后剥皮，去除头、腿、内脏，清洗干净，除去胴体上的脂肪块、筋膜、血管头等，投入清水中浸泡2小时以上，除去血污与异味。以带骨兔肉100千克为加工单位配制辅料，白糖5千克，食盐3千克、酱油1.5升、黄酒3升、生姜1千克、味精0.2千克。

（二）加工工艺

1. 煮制 将带骨兔肉投入煮锅中进行煮制，同时加入生姜、黄酒和部分糖，先大火煮制20分钟再转入小火，煮至兔肉离骨时剔除骨头。

2. 加入辅料收汁　将剩余的辅料全部倒入锅中，搅拌均匀，继续用小火煮肉收汁，同时用炊具压肉块使肌纤维散开，最后炒干。

3. 擦丝　用擦丝机擦丝，干制后即为成品。

4. 包装　将成品真空包装后即可上市销售。

九、川式兔肉松加工技术

本品松丝长细，富有弹性，鲜而不燥，味道浓厚，色泽淡黄，香味纯正。成品率32%左右。

(一)原料和辅料　选择健康、体型丰满的活兔，屠宰后剥皮，去掉头、小腿、内脏。清洗剥制好的兔胴体，去除体表和体腔内的脂肪块、筋膜、结缔组织等。以100千克兔肉为加工单位配料，白糖4千克、豆油12升、曲酒0.5升、老姜0.5千克、食盐0.2千克、白酒0.5升。

(二)加工工艺

1. 煮制　把老姜拍碎，与兔胴体一起放入锅中熬煮，煮至兔肉肌纤维可以压散为止。

2. 加入辅料收汁　向煮锅中加入其余的辅料，添加1/3的白糖，小火熬制进行收汁。待汤汁快要收尽时，加入剩余的白糖，至汤干时出锅。

3. 烘干　用烘干机或烘干房进行烘干脱水。

4. 搓松　兔肉脱水后，用手工或搓松机进行搓松，使成品呈细长绒状或细丝状，抖散蓬松。

5. 包装　用复合塑料袋真空包装，外套彩袋。

第八节　兔肉肠制品加工技术

肉类加工中的肠制品分为2类，一类是中式香肠，即我国传统的腊肠，是将小块肉充填于肠衣中，并在原料中添加食盐、酱油、糖、料酒等辅料。另一类为西式香肠,起源于欧洲,是将肉绞碎或斩拌乳化成肉糜,加入盐、胡椒、肉豆蔻、大蒜等。中式香肠与西式香肠名称相同,但它们的加工技术和风味迥然不同。相比之下,中式香肠水分活性低、贮存性好;而西式香肠出品率高、生产周期短、嫩度好、风味可口。

西式肉制品在1840年鸦片战争后传入我国,被国人最先接受的就是香肠制品。近年来我国从德国、荷兰、丹麦、法国、意大利、瑞士等国家引进西式香肠的加工设备和技术,使我国香肠制品的品种构成发生根本性变化,有些肉制品加工厂西式香肠的产量已超过了中式香肠的产量。

肠类制品按其工艺可分为以下几类。

一是生鲜灌制类。即用生鲜肉制作,不需腌制,也不加发色剂,只将肉块绞碎,加调味料调制后灌入肠衣,冷冻贮藏。在食用前蒸煮或烧烤熟制后即可食用。

二是熟灌制类。将未经过腌制的肉绞碎,调味后充填入肠衣,添加乳化剂后煮熟,有时稍带烟味。本类产品需用先进的设备配套生产。

三是烟熏生灌制类。将未经腌制或经过腌制的肉切碎,调味后灌入肠衣,然后进行烟熏,但不进行熟制,食用前才煮熟的肠制品称为烟熏生灌制产品,如广东香肠即属于这一类产品。

四是烟熏熟灌制类。肉经过腌制、绞碎、调味,灌入肠衣中,然后经烟熏和蒸煮等工序达到完全成熟,食用时无须再煮制的香肠即为烟熏熟灌制类香肠。

五是发酵灌制类。是指肉经过腌制、绞碎、调味,灌入肠衣,先烟熏,但不煮制,然后干燥发酵,使水分有较大的散失,食用时再熟制的肠制品。

六是粉肚灌制类。原料肉取自加工肉食的边脚碎料,经腌制绞碎,加入大量淀粉和水,经调味后灌入肠衣,煮熟烟熏后即为成品,如北京粉肠等。

目前生产肠制品使用的肠衣分为2类，即天然肠衣和人造肠衣。天然肠衣也称动物肠衣，是由猪、牛、羊的大肠和小肠刮去肠黏膜，利用剩余的外层坚韧部分经处理而制成的，具有较大的韧性和坚实度，能承受生产过程中重力和热处理的作用，伸缩性好，而且能食用。

人造肠衣分为3种，即纤维素肠衣、胶质肠衣和塑料肠衣。其中胶质肠衣又分为可食用和不可食用2种。

纤维素肠衣即用短绒棉加工而制成的，使用方便，既可耐高温，抗裂性又强，在湿润情况下也能进行熏烤，质量好，很受生产者欢迎。胶质肠衣也称再生胶肠衣，是用动物皮提取的胶质加工的肠衣，较厚，具有较好的物理性状。胶质肠衣分为可食与不可食2种，前者适合制作鲜肉灌肠，其本身可吸收少量水分，灌制的产品比较软嫩，规格一致，有利于销售；后者较厚，且规格大小不一致，形状也不相同，主要用于灌制风干香肠。使用塑料肠衣灌制的香肠只能煮不能熏，肠衣是由聚偏二氯乙烯薄膜制成的，不可食用，这种肠衣品种很多，各种制品均可使用。

一、兔肉生鲜肠加工技术

兔肉生鲜肠制品目前还没有在市场上销售，此工艺是笔者根据其他肉类生鲜肠加工工艺和兔肉的特点设计的生产工艺，供兔肉产品开发者作为参考，开发更好的产品。

(一)原料和辅料 选择新鲜兔肉，除去胴体上的脂肪块、结缔组织、筋膜和血管头等，剔去骨架；猪瘦肉应选择纯瘦肉块，猪肥肉应选择品质好的肥肉部位。按兔肉70千克、猪瘦肉15千克、猪肥肉15千克为加工单位配制辅料，白糖0.5千克、食盐2.3千克、料酒1升、胡椒粉0.45千克、肉豆蔻粉0.2千克、白芷粉0.2千克、鼠尾草粉0.1千克、丁香粉0.1千克、冰屑10千克。

(二)加工工艺

1. 绞肉 将各种原料肉准备好后，一同投入绞肉机，混合绞制，一般绞成粒径为4～6毫米的肉粒。

2. 斩拌 将绞好的肉馅与辅料混合后，加入冰屑，在斩拌机内斩拌，时间不可过长，以5分钟左右为宜。

3. 灌制 将斩拌好的馅料倒入灌肠机，根据出品要求，灌成不同直径的香肠，约15厘米结扎一段。灌制产品的直径和长度，是各厂家自行设计的，可根据消费者的爱好而定。

4. 冷却、冷贮 灌制好的兔肉生鲜肠，在0℃的冷水下淋洗，冲去肠衣上附着的肉屑和脂肪，在1℃～2℃条件下干燥，用玻璃纸包装，分层装入纸箱内，放进冷藏库中进行冷贮。冷贮温度可根据产品准备冷贮的时间而定，一般情况下冷却时的温度为0℃～5℃，冷贮温度为－18℃。

(三)食用方法 产品食用时先解冻，然后进行水煮、蒸煮或烤制，熟制后即可食用。

二、兔肉发酵香肠加工技术

(一)原料和辅料 选择健康、膘情好的活兔宰杀，新鲜兔肉修去筋、腱、血块、腺体和所有的脂肪块，因为瘦肉所占的比例大，则水分含量越高，pH下降越快，对乳酸菌的生长、繁殖都有利。猪肥肉的脂肪要新鲜，放置时间长的脂肪味道变差，会影响产品的质量。牛肉也必须是新鲜的。如果原料肉不新鲜，特别是污染了大量微生物，会在以后的发酵过程中出现杂菌，导致酵母菌增生，这些杂菌会分解肉内的蛋白质，使制品产生异味，影响制品的品质。按兔肉70千克、猪肥肉20千克、牛肉10千克为加工单位配制辅料，蔗糖2千克、葡萄酒2升、食盐3千克、硝酸钠16克、亚硝酸钠8克、黑胡椒粉0.4千克、芥末粉0.06千克、肉豆蔻粉0.04千克、芫荽粉0.125千克、香辣粉0.035千克、生姜粉0.03千克、生蒜末0.12千克、片球菌发酵剂3%～5%。

(二)加工工艺

1. 绞肉 各种原料肉在绞制以前，可以冷却至－5℃～2℃，也可以不冷却直接绞。绞肉时牛肉绞肉机应使 3.2 毫米孔板，而兔肉和猪肥肉可用 9 毫米左右的孔板。

2. 加入辅料 肉馅中加入食盐、各种调味料、葡萄糖、硝酸钠、亚硝酸钠等，进行搅拌，再添加发酵剂，继续搅拌 5 分钟，然后将混合物再通过 3.2～4.8 毫米孔板绞得更细一些。除原料肉外，各种辅料配合使用，对发酵肠的质量都有影响，在配料时应充分注意。例如，乳酸菌虽然是耐盐菌，但是盐的含量高会影响乳酸菌的发酵。生产经验证明，2%的食盐水平肉馅黏着力较为理想，3%的食盐浓度对发酵速度没有多大影响，但超过 3%就会延长发酵时间；通常肉馅中葡萄糖含量在 0.75%左右，碳水化合物总量不超过 20%，若超过 20%与之结合的水过多，则发酵速度降低；辅料中的香辛料能刺激发酵功能而产酸，酸性物质能直接影响发酵速度，但这种刺激并不能使细菌数量增加。

另外，液体熏制剂和抗氧化剂都会降低发酵速度，奶粉、大豆蛋白粉及其他干粉都能结合水，从而延长发酵时间，含亚硝酸钠的香肠比不含亚硝酸钠的香肠发酵慢。

发酵香肠的发酵剂，对发酵香肠质量起着关键性作用。目前，将片球菌、乳杆菌、微球菌等有益细菌纯种培育制成纯培养物发酵剂，在配料阶段加入，发酵效果很好。但应注意的是，发酵剂不能与盐类直接接触，否则会降低其中活菌的活性。而且发酵剂应单独包装保存，在辅料与原料肉混合调制后，将活菌发酵剂用水稀释后倒入混合料中搅拌均匀即可。

3. 灌装 即根据产品设计规格要求，将混合好的香肠馅通过灌肠机填充到纤维素肠衣或天然肠衣内。

4. 发酵 发酵剂中的乳杆菌和片球菌的最佳生长温度为 32℃～37℃，因此现代加工方法的发酵温度为 21.1℃～37.8℃，相对湿度为 80%～90%，一般在 12～24 小时内能使肉的 pH 降至 4.8～4.9，此时发酵已经充分。

5. 干燥 发酵充分的干香肠和半干香肠都是直接放入干燥

室内干燥。干燥室温度控制在10℃～21℃，相对湿度控制在65%～75%。发酵香肠的保水性决定于肉粒大小、肠衣直径大小以及空气流速、湿度、pH和蛋白质溶解度等。为使产品达到理想的品质，必须控制水分的蒸发速度，即使香肠表面水分蒸发速度基本等于内部水分向表面移动的速度。因此，干燥室气流速度应控制在0.05～0.1米/秒，每天水分蒸发量不应超过0.7%。最终干香肠重量为原料肉重量的50%～70%，即干耗（失水）30%～50%。

6. 烟熏 香肠干燥后进行烟熏即成为传统的烟熏肠，香肠熏制时的温度应控制在32.5℃～43℃。现代加工工艺不实行烟熏工序，而是将市售的烟熏液直接添加在原料肉中，减少了熏制工序的麻烦。

三、兔肉乳化香肠加工技术

乳化香肠是在香肠加工过程中，通过物理和化学方法将肉馅中的脂肪和蛋白质成分乳化，以提高肉对脂肪的吸附力和对水的保持力，配合其他加工工艺制成口感鲜嫩，且脂肪含量较高的大众化香肠制品，适应大众化的消费需要。

乳化香肠制品能实现高度机械化和自动化生产，目前乳化香肠制品在国内正在以较快的速度发展。

(一)原料和辅料 鲜兔肉要剔骨，除去肉块上的结膜、脂肪块、筋头、血管等，切成小块备用；猪肥膘以品质好的板油为好，除去杂质。由于各生产厂生产的风味不同，本产品有很多花色品种，笔者从已掌握的资料中总结出3个配方介绍给读者，作为开发本产品的参考配方。

配方一：按鲜兔肉75千克、猪肥膘25千克为加工单位配制辅料，大豆分离蛋白粉10千克、淀粉3千克、白糖3千克、松籽仁4.5千克、食盐3千克、50°浓香型白酒2升、味精0.3千克、姜粉0.4千克、白胡椒粉0.3千克、肉豆蔻粉0.2千克，洋葱末0.3千克、桂皮粉 0.2 千克、芫荽粉 0.1 千克、丁香粉 0.07 千克，冷水适量。

配方二：按鲜兔肉 80 千克、猪肥膘 20 千克为加工单位配制辅料，干淀粉 6 千克、食盐 3 千克，味精 0.03 千克、大蒜 0.8 千克、胡椒粉 0.07 千克、硝酸钠 0.025 千克。

配方三：按鲜兔肉 83 千克、猪肥膘 17 千克为加工单位配制辅料，食盐 2.2 千克、葡萄糖 0.35 千克、姜粉 0.05 千克、肉豆蔻粉 0.04 千克、红辣椒 0.05 千克、白胡椒粉 0.15 千克，鼠尾草粉 0.12 千克、百里香粉 0.03 千克。

(二)加工工艺

1. 腌制 将鲜兔肉、猪肥膘分开腌制，各种辅料也按比例分开。在 10℃以下条件下腌制 3 天左右，待兔肉块切面变成鲜红色，且坚实有弹性时即可结束腌制。

2. 制馅 腌制好的兔肉块用绞肉机绞碎，绞肉机孔径在 2～3 毫米；取部分猪肥膘块剁碎至浆糊状，与兔肉馅混合，根据原料的干湿度和肉馅的黏度添加适量水，一般为 100 千克原料加 30～40 升水，根据配方加入辅料。加辅料时，淀粉需先用清水调为悬浮液，过滤除去杂质后再加入。将剩下的猪肥膘剁成肥膘丁加入后进行斩拌，斩拌时间为 5 分钟左右，为了避免斩拌时温度升高，斩拌时可向肉馅中加入 7%～10%的冰屑。

3. 灌制 将斩拌后的肉馅倒入灌肠机灌制，每 12～15 厘米打 1 个结，并用针在肠体上均匀地刺孔，以便水分和气体排出。

4. 烘烤 烘烤的目的是使肠膜干燥、易着色，并起到灭菌作用，以延长保存时间。烘烤时的温度控制在 65℃～70℃，烘烤时间为 40 分钟，达到表面干燥透明，肠馅显露淡红色为度。

5. 煮制 煮制是让香肠进一步熟化，也起到再次灭菌的作用。煮制时每 100 千克制品需加水 250 升左右。操作方法是：先使锅内水温达到 90℃～95℃，放入色素搅拌均匀，随后将灌制、烘烤过的半成品香肠放入热水中，使水温保持在 80℃～83℃，肠中心部位的温度达到72℃，保持该温度35～40分钟后进行检查，若用手掐肠体感到硬挺并有弹性，即可出锅。

6. 烟熏 烟熏的目的是增强产品的耐贮藏性，并且具有特殊的熏烟味。方法是在烟熏室或容器内，控制熏制温度在48℃～50℃，熏制时间为6～8小时，使产品水分降至50%以下，待产品表面光滑并有细纹时即为烟熏后的成品，取出后自然冷却，擦去表面烟尘即可包装。

7. 保藏 无包装的乳化香肠在2℃～4℃条件下可保存2～3天。真空包装的产品在2℃～4℃条件下可保存10～15天，在－10℃条件下可存放6个月。

四、兔肉粉肠加工技术

(一)原料和辅料 选择新鲜兔肉和猪肥膘，将兔肉加工成1厘米见方的小肉块，猪肥膘也切成1厘米的肉丁。按鲜兔肉80千克、猪肥膘20千克为加工单位配制辅料，淀粉50千克、食盐3千克、酱油10升、香油5升、葱末5千克、鲜姜5千克、八角粉3千克、红曲米粉1千克、清水100升。

(二)加工工艺

1. 绞肉 将兔肉块、猪肥膘块投入绞肉机绞碎，绞肉机孔径为3.2毫米，绞碎后投入全部辅料，再搅拌均匀。淀粉混入原料肉以前必须用清洁饮水调制，并进行过滤后方能加入。

2. 灌制 把搅拌均匀的香肠馅倒入灌肠机，灌入天然肠衣中，直径3～4厘米，每根长15厘米，连续作业时每15厘米打一个结。若用猪小肠作为肠衣，则使用前必须先洗去盐和杂质。

3. 煮制 煮制时先向锅内注入锅容量70%～80%的水，烧至沸腾，再把粉肠投入锅内，保持水温在96℃，最低不能低于90℃，维持以上温度40分钟即可。粉肠煮熟时会浮出水面，所以一定要在其上压一重物，将粉肠压在水面以下。煮制时最好有专人负责，兔肉粉肠下锅的重量和时间都要做好记录，以利于掌握锅内温度和煮制时间。

4. 挂晾 粉肠出锅后及时串在竹竿上，每串 18 根，肠口向上，悬挂均匀，每根肠之间要有距离，待肠体晾凉后进行熏制。

5. 熏制 烟熏可使粉肠内水分降低，肠衣表面产生光泽，增强美观性，也能获得烟熏制品的特殊香味，提高成品防腐性，延长保存期。可用烟熏房、烟熏锅或烟熏箱熏制，或用烟熏液熏制。如果用烟熏房或烟熏箱熏制，熏烤温度控制在 70℃～80℃，熏烤时间为 40～60 分钟。熏好后送往成品库存放。优质产品表面干燥，无流油现象，无斑点。

第九节 兔肉熟制品的卫生要求

一、加工厂厂址选择与建筑设施的卫生

加工熟肉制品的厂家，必须远离有毒、有害场所。生产熟肉制品的场所及其周围环境，应经常保持整洁，墙壁、地面应用不透水的材料铺设，以便洗刷。墙裙用白瓷砖或水磨石构筑，其高度应在 1.5～2 米。要有足够的排气、消烟、除尘装置，并且配备足够容量的污水无害化处理设施。

应有合理的生产工序。附设屠宰加工工序时，应按屠宰厂卫生要求处理。饭店、宾馆和日处理量较少的生产点，则以粗加工间代之。大规模生产厂家应设有细加工间（剔骨、切条、造型），配料与腌制间，生坯晾挂间（柜），烧烤间或卤制间，成品晾冻间（包括预进间），销售间（包括预进间），必要时还应设冷藏间（柜）。如不设冷藏设备，则产品应随制随销，以销定产。

生产布局要合理，生坯与熟品应严格分开。

配料、腌制、坯晾挂、烧烤、成品晾冻和销售间要有防蝇、防鼠、防蟑螂、防尘、防污染和通风排气设施。应设置有效的纱窗、纱门，所有窗台应为内斜形。预进间通往销售间和成品晾冻间的门，应

为双向弹簧门。

预进间内设更衣、洗手、消毒设备，大型熟肉加工厂所有预进间内的洗涤水龙头应为脚踏开关。

成品晾冻间与销售间应紧密连接，并有货品传递输送窗。销售间的销售窗应为双层活动玻璃窗。

熟肉制品的运送，应采用有盖专用容器，其所用材料和直接接触产品的用具，必须用无毒无害材料制成。

加工车间的下水道必须畅通，设有防鼠隔栅，并应易于清洗。

二、生产加工卫生

第一，生产加工用水应符合国家规定的生活饮用水的卫生标准。

第二，原料肉必须经过兽医肉品卫生检验，并且持有有效的肉品卫生检验合格证。发现有寄生虫、残留的甲状腺和肾上腺及病变组织(包括病变淋巴结)、腐败变质、油脂酸败、明显受污染、掺假掺杂，或其他感官指标不良的原料肉，应拒绝加工。

第三，所有辅料必须符合规定的卫生要求。使用的所有食品添加剂，必须按食品卫生标准的规定，严格控制使用范围和使用量。

第四，加工场地、销售场地和用具等，要做到清洁、卫生、消毒。存放和销售熟肉制品的成品晾冻间(柜)和销售间所用的工具(刀、钩、砧板)，在每班使用前，必须经蒸煮后，再用酒精烧灼消毒，地面用消毒水拖洗干净。

第五，接触熟肉制品的用具，使用后必须擦净，整齐存放，砧板刮洗干净后竖起放置，并做到面、底、周围光洁、无霉点。

第六，烧烤制品应尽量采用电热或远红外线设备加工。

第七，运输用的车辆，应有专人负责，专车运送，专人对车辆、包装、容器等用具进行检查。运输过程中要有防蝇、防尘、防晒、防雨淋的设施。熟食制品不宜运输过远。装运人员要做到操作卫生。

第八，要做到“以销定产，随产随销，当日售完”。除肉松和肉干等脱水制品外，隔夜品应回锅加热，夏季存放必须冷藏，冷藏设备务求专用；如不能专用，则熟肉制品必须置于有盖容器专格盛放。

原料、半成品或成品严禁堆放在地上，货物和钱款应分开放置。熟肉制品的包装材料应符合卫生要求，禁止使用旧报纸、杂志和有色塑料袋包装。

三、卫生管理

从事兔肉熟制品生产经营的单位，必须将生产销售的工艺流程和设施情况，呈报当地食品卫生监督机构审批，领取卫生许可证，凭该证向工商行政管理部门申请营业执照方准营业。

一切从业人员必须进行健康检查。凡患有痢疾、伤寒、活动性肺结核、传染性肝炎、传染性皮肤病，以及其他有碍食品卫生的疾病患者，以及传染性疾病的带菌者，一律不准从事生产、经营、运输工作。从业人员经体检合格后须领取健康合格证，该证应随身携带，以备查验。

加工厂建立和健全食品卫生管理制度，如原料采购、验收制度，仓库管理制度，熟食品加工制度，熟食品销售制度等，并成立食品卫生管理小组，制定奖罚措施。

严格执行《中华人民共和国食品卫生法》以及相关法律、法规，搞好加工场地、设备用具和个人卫生。

大中型加工厂应建立和健全卫生质量检验室，配备专职人员，实行每批检验合格出厂。严格执行食品卫生标准，加强食品添加剂的管理。

四、兔肉熟制品的卫生评价

兔肉熟制品的卫生评价一般是以感官检查为主。主要检查其气味、外观和切面色泽等，以决定有无腐败变质。特别是在夏、秋季节，应注意有无苍蝇停留，有无蝇蛆，制品表面有无污物，有无发黏或发霉。为防止熟肉制品因加入大量香辛料而掩盖其不良气味，必要时应进行实验室检查。

第四章　兔肉冷冻加工技术

我国兔肉出口都是以冻兔肉的形式外运的，冷冻保存不仅可以阻止微生物的繁殖和生长，而且还可通过促进肉内物理、化学变化而改善肉的品质。所以，加工、冷冻、贮藏好的冷冻兔肉具有色泽不变、品质良好的特点，故将这部分技术单独介绍，供初建冷冻厂、加工厂的企业参考。

第一节　活兔宰前的准备工作

为了保证活兔宰后兔肉的品质，对待宰的活兔必须做好宰前准备工作。宰前准备工作包括宰前检查、宰前饲养和宰前停食。

一、宰前检查

收购活兔人员要把好第一关，一要问清活兔来自何地，产地有无疫情，如果活兔来自非疫区即可收购。二要看活兔的健康状况和膘情，不论是加工冻兔肉或作为兔肉制品原料，原料兔的膘情都应该在中等以上，体重在 2.75～3 千克，因为这一阶段的兔一般日龄都在 90～110 天，不仅屠宰出肉率高，而且肉品质也好。老龄兔、体重低于 2.25 千克的幼龄兔以及不健康的兔都不能收购，因为老龄兔兔肉虽然风味较浓，但结缔组织较多，肉质坚硬，质量差；幼龄兔因肉质嫩，水分含量较高，脂肪含量低，风味较差。

收购回来进入待宰间的活兔，兽医人员应逐只检查，凡经兽医检验确定健康的兔，即可转入饲养区作宰前饲养；个别患病的或可疑患病的兔，统统转入隔离兔舍治疗或进行其他处理。

二、宰前饲养

宰前饲养主要是恢复活兔体质和精神状况，保证兔肉的品质。兔的特性之一是胆小怕惊吓，长途运输中由于环境改变和各种刺激，会使兔产生强烈的应激反应，正常的生理功能受到抑制或破坏，抵抗力降低，血液循环加速，可能导致肌肉组织中毛细血管充血。如果运到后马上就屠宰，可能造成放血不全，影响兔肉品质和保质期，特别是出口冻兔肉的生产厂家一定要注意这一点。

宰前饲养分为 2 种情况，一是对膘情好的兔，经过宰前饲养使其尽快恢复至运输前的体况和精神状态，以便尽早屠宰；二是对少数偏瘦的兔，通过宰前饲养起到催肥作用，使其在短时间内迅速增重，改善屠宰后的肉质。

宰前饲养的饲料应以精饲料为主，青绿饲料为辅。精饲料以玉米、麦麸、大麦等为主，适当添加一些豆粕(10%左右)，为防止腹泻饲料中可添加益生素和复合酶，益生素每千克饲料添加 5 克，复合酶每千克饲料添加 0.2 克。另外，宰前饲养期间应限制兔的运动，首先是保证休息，解除疲劳，更重要的是减少能量损耗，尽快增重。

三、宰前停食

兔胃容积大，是单胃动物中胃容积占消化道容积比例最大的，即约占整个消化道容积的 35.5%。且排空缓慢，有耐饥饿的能力。笔者 20 世纪 80 年代初期主管肉类出口加工业务时，发现活兔待宰时停食 12 小时，宰时胃内仍可发现食糜。后经试验证明，前一天晚上保证饲料供应，第二天不喂任何饲料，到第二天下午 5 时宰杀，胃内仍有内容物。

所以，兔屠宰前应停食 12 小时以上，目的是减少消化道中的内容物，便于开膛和内脏处理，防止加工过程中消化道内容物溢出污染兔胴体。断食还可以促进肝脏中糖原分解为乳酸，乳酸随血液循环分布于身体各部，使宰后兔体迅速达到尸僵并增加酸度，抑制微生物繁殖；宰前停食还有助于体内的硬脂肪酸和高级脂肪酸分解为可溶性低级脂肪酸，均匀地分布在各部位的肌肉中，使肉质肥嫩、肉味增加。

停食期间应供给待宰兔充足的饮水，保证待宰兔的正常生理功能，促进粪便排出，放血完全；充足饮水还有利于剥皮和提高肉的产量。但在宰前2～3小时应停止供水，以防止胃内积水。

第二节　宰杀工艺

凡是承担冻兔肉出口、国内调拨的兔肉加工厂，都是采用机械化流水作业的加工方法。采用这种方法工作效率高，劳动强度低，车间清洁、卫生，可以减少污染，保证产品质量。

一、击　昏

使用电击法使待宰兔失去知觉，减少或消除宰杀时的挣扎，便于宰杀后放血。电击活兔的电压为40～70伏，电流为0.75安培，将电麻器两极轻压于两耳部即可使兔触电昏迷。

二、放　血

待宰兔被击昏后应立即放血。目前常用的放血方法是在颈部割断颈动脉血管和气管放血。倒挂在自动屠宰线上的兔放血3～4分钟即可，不能少于2分钟，否则放血不完全会影响兔肉品质。放血充分的兔胴体，肉质细嫩，含水量少，便于贮存；放血不全的兔，肉色发红，含水量高，贮存困难。

三、剥　皮

根据出口冻兔肉的要求和国内兔肉消费习惯，带骨兔肉或去骨兔肉应剥皮去脂。在流水作业线上，对放血后的死兔应立即剥皮，兔体是倒挂在流水线挂钩上的，第一道环节是用利刀切开两后肢跗关节周围的皮，沿大腿内侧通过肛门平行挑开皮肤，将肛门周围毛皮向外翻开，大腿皮也向外剥离，此为挑裆。第二道环节是用退套法拉着大腿剥离的皮向外翻、下拉，剥下整个躯体的皮，拉到前肢部位时，从腕关节处剪去肢爪，抽出前肢；到头部时剪去眼睛和嘴唇周围结缔组织和软骨，将整个皮退套剥下。注意不要损伤毛皮，不要挑破大腿肌肉或撕裂胸、腹肌。

四、剖　腹

剥皮后的胴体，先用利刀切开耻骨联合处，分离出泌尿生殖器官和直肠，然后沿腹中线挑开腹腔，除肾脏外，取出全部内脏，大、小肠和脾脏、胃应单独存放，经兽医卫生人员检验后无病者集中送往副产品处理间进行处理。

出口冻兔肉屠宰后不能用自来水冲洗，剖腹腔取出内脏后用洁净海绵或棕榈刷擦除体腔内残留的血水，再用蘸有2%过氧化氢溶液的新毛巾擦拭体腔、体表，使胴体清洁、无菌。

五、卫生检验

(一)内脏检验

1. 肺脏检查　主要观察色泽、形态和硬度，注意有无充血、出血、溃疡、化脓和变性等病理变化。

2. 心脏检验　主要观察心外膜有无炎症变化和出血点，心肌有无变性等。

3. 肝脏、脾脏检验　主要观察色泽、硬度及有无出血点，逐只检查肝脏有无球虫、线虫等，观察脾脏有无灰白色小结节和假性结核病变等。

4. 胃肠检验　观察有无出血现象，检查肠系膜淋巴结有无肿胀、出血，胃肠黏膜有无充血、炎症，盲肠蚓突及回肠与盲肠连接处有无灰白色小结节。

(二)胴体检验 是兽医卫生检验的最后一道环节，主要检验胴体体表有无出血、化脓、外伤等。正常胴体肌肉为淡粉红色，放血不全或老龄兔兔肉为深红色或暗红色。发现有下列情况之一者，不能外销，应检查后作内销处理：肌肉色泽暗红，放血不全者；肌肉、脂肪呈黄色或淡黄色者；营养不良、胴体消瘦者；胴体表面有创伤者；胴体经水洗或有污染者；胸、腹部有严重炎症者；胴体有严重骨折、曲背、畸形者；背部肉色苍白或肉质粗糙者；胴体露骨、透腔或腹肌撕脱者。

六、修　整

经过内脏检验、胴体检验符合外销条件的兔胴体，要进行修整。修整的目的是除去胴体上可促使微生物生长、繁殖的有机物质，如血污、残脂等，达到清洁、完整和美观的商品要求。修整工序如下。

(一)体腔修整 修除体内残存的内脏、生殖器、各种腺体和结缔组织以及颈部血肉等。

(二)体表修整 修整背部、臀部、腿部等主要部位的外伤，修除各部位的各种瘢痕、溃疡等。

(三)修除脂肪 修除暴露在体表、体腔内的各种游离脂肪块和其他残留物。

第三节　分级、预冷和包装

一、分　级

我国出口冻兔肉分带骨兔肉和分割兔肉两大类，每种都有其分类标准。

(一)带骨兔肉分类标准

1. 特级 每只胴体净重 1 501 克以上。

2. 一级 每只胴体净重1 001～1 500克。

3. 二级 每只胴体净重601～1 000克。

4. 三级 每只胴体净重400～600克。

(二)分割兔肉分级标准

1. 前腿肉 自第十至第十一肋骨间切断，沿脊椎骨劈成2片。

2. 背腰肉 自第十至第十一肋骨间向后至腰荐处切下，劈成2片。

3. 后腿肉 自腰荐骨向后，沿荐椎中线劈成2片。

以上标准是常规标准，出口冻兔肉时，应根据不同国家的不同要求加以修订。

二、预　冷

兔被宰杀后，体内肌肉中的糖原会快速降解，表现pH迅速下降，并会产生大量热量，导致兔胴体冷却速度减慢。如果在室温条件下放置过久，胴体上残留的细菌生长和繁殖，会使兔肉腐败变质；如果宰后胴体经修整后很快包装、冷冻，外层冻结后肉内部的热量散失更慢，导致pH继续下降，可出现肉的酸败。所以，兔胴体处理后应放入预冷间预冷，让胴体内热量迅速散去，并在胴体表面形成一层干燥膜，以阻止细菌生长繁殖，延长兔肉保存时间，减缓胴体内水分蒸发。

预冷间的温度应在－1℃～0℃，最高不超过2℃，最低不低于－2℃，相对湿度控制在85%～90%，预冷2～4小时即可进行包装。

三、包　装

(一)内包装和外包装 不论带骨兔肉或分割兔肉均应按不同等级，分别用不同规格的塑料薄膜作内包装。外包装用瓦楞纸板包装箱，箱外以中、外文对照字样印上品名、级别、重量、出口公司、地址、电话等。带骨兔肉包装箱参考规格为58厘米×32厘米×17厘米，分割兔肉包装箱参考规格为50厘米×35厘米×12厘米。

(二)包装规格　不论带骨兔肉或分割兔肉，每箱净重均为20千克。分割兔肉每箱装4块，每块净重5千克。用不锈钢铁皮制成模具，将包装薄膜衬在模具内，称取5千克肉将整肉放在底面和侧面，碎一些的夹在中间，然后用塑料薄膜包紧，冷冻成形后装箱，4块兔肉在箱内摆成"田"字形，每箱兔肉误差不超过200克。带骨兔肉装箱时要注意排列整齐、紧密，看上去美观，每只兔胴体两前肢插入腹腔，以两侧腹肌覆盖；两后肢需弯曲使形态美观；摆放时兔背向上，头、尾交叉放置，尾部紧贴箱壁，头部要与箱壁留有空隙，以利于透气、降温。

(三)对包装带的要求　外包装的包装带可用塑料的，也可以用铁皮的，目前绝大部分企业都采用塑料包装带，宽约1厘米。打包带必须保存好，包装时清洁卫生，其上不印文字、图案、花纹。

包装箱上要打3道包装带，呈"卄"形，也可以打4道带，呈"井"形。若打包带的卡扣为五分包带，则需用五分包扣，切忌带宽扣窄，也不允许带窄扣宽。

第四节　冷冻技术

兔肉冷却分3个阶段，即预冷、速冻和冷藏。预冷的相关内容已在上节内容中叙述过，故本节专门介绍速冻和冷藏技术。

一、速冻技术

据测定，在不同低温条件下，兔肉的冻结程度是不同的，通常新鲜兔肉中的水分在－0.5℃～－1℃时就开始冻结，在－10℃～－15℃时即能完全冻结。又据测定，在整个冷却过程中，冷却初期，冷却介质空气和胴体之间的温差较大，冷却速度快，水分蒸发也快，即胴体表面水分蒸发量在速冷期的前1/4时间内，水分蒸发量占速冻过程中蒸发总量的1/2；而后3/4的时间内胴体表面水分蒸发量占速冻过程中蒸发总量的1/2。为了减少胴体的水分蒸发，速冻间的空气湿度也要求分为2个阶段，即前1/4时间里速冻间相对湿度应控制在95%，以后3/4时间里相对湿度应控制在90%～95%。空气流动速度控制在2米/秒。

目前，我国冻兔肉都采用速冻冷却法，即速冻间温度控制在－25℃～－28℃，相对湿度为90%，速冻时间不超过72小时，当肉温达到－15℃时即可转入冷藏库。上海市冻兔肉加工厂为了加快降温，采用开箱速冻的方法，冻结后再封箱打包，冻结时间由原来的72小时缩短到36小时，既节约了能源，又提高了冻兔肉的质量，是速冻的一大改进。具体做法是：兔肉预冷装箱后不打包，打开箱盖，将箱单层摆放在管架上，待兔肉冻结后再打包转至冷藏库。

二、冷藏技术

冷藏是将已经速冻好的兔肉贮藏起来准备销售调出。为了在冷藏期间使兔肉温度不上升而保证质量，需要达到一个合理的冷藏条件。

生产实践证明，合理的冷藏条件是贮藏库温度为－17℃～－19℃，相对湿度为90%；贮藏库内温度波动不得超过1℃，在大批进、出货的过程中，1昼夜升温也不得超过4℃。如温度忽高忽低容易造成肉质干枯和脂肪变黄，降低兔肉质量。

兔肉冷藏时如果预计贮藏时间较长，兔肉箱应堆放成方形，地面应用实木板衬垫，衬垫高度30厘米左右，堆积高度2.5～3米，在冷库容积和地面承重允许的条件下，堆放密度越大越好，堆装量越多，越能提高冷库的利用率，但不能影响兔肉质量。兔肉箱垛与墙、顶板间要留距离，一般距离在30～40厘米；垛体距冷却排管要达到40～50厘米；箱垛与箱垛之间的距离保持15～20厘米，冷库中间要留出一条运送货物的车通道，宽度2米左右。

冷库如希望快速周转，则货物存放期越短越好。如果不能及时调出，一般是库内温度越低，保藏时间越长。在－17℃～－19℃

条件下，兔肉可以保存6～12个月；－12℃的条件下，可以保存100天；在－5℃的条件下能保存42天；在－4℃的条件下能保存35天。超过保存期调不出的必须内销处理。

第五章　兔皮加工技术

第一节　兔皮板和兔毛的结构

家兔经近百年的培育，应用方向朝 3 个方面发展，一是肉用型，二是皮用型，三是毛用型。肉用型兔、皮用型兔都是皮肉兼用型的，肉用型兔以肉用为主，皮用为辅；皮用型兔以皮用为主，肉用为辅。其皮张都能用来开发很多高档产品，为人类提供美的享受。毛皮制品的质量除了制作工艺以外，主要与原料皮的结构特性有密切关系。因此，本节主要介绍一下原料皮的组织结构和化学组成，掌握了这方面的知识，在皮张加工时就不易出现问题。

原料皮由皮板和毛被组成，皮板是毛皮制品的基础，毛被是毛皮制品达到优良品质的关键。目前，毛皮制品的原料皮主要是皮用型兔的皮（獭兔皮），肉用型兔中皮板质好、毛色好、底绒较厚的也可用来制作服饰制品；板质差、毛色差的可用来制革，开发革制品。獭兔皮因毛密绒足、板质好、保温性强、不掉毛而受到生产商和消费者的青睐。

一、兔皮板的结构

将兔皮板泡制后切开，切面用放大镜或低倍显微镜观察，发现切面分为 3 层，即上、中、下 3 层，表面的一层（上层）称表皮层，表皮层与皮下组织之间（中层）的一层为真皮层，靠近肌肉的内层（下层）为皮下组织，现分述如下。

（一）表皮层　可分为 2～5 层，一般毛被稠密的皮张表皮层较薄，只能分 2 层，即上层的角质层和下层的生发层（或称黏液层）；

毛被较稀疏的皮张表皮层较厚，可以分出 5 层，由外到内分别为真角质层、透明层、粒状层、棘状层和基底层。

1. 角质层 是兔皮的最外层，由硬化程度不同的死细胞组成。根据细胞硬化程度不同又分为真角质层和透明层。

(1)*真角质层* 是由完全角质化的片状细胞组成，角质蛋白含量高，彼此联系很紧密，对外界各种物理、化学刺激有一定的抵抗作用。真角质层在生理代谢过程中往往变成皮屑而脱落。真角质层有防御细菌侵入真皮的作用，若真角质层受到损伤，细菌很容易进入真皮层引发感染而导致掉毛、烂皮，从而降低兔皮的应用价值。

(2)*透明层* 位于真角质层以下的很薄的一层，是由 2～4 层彼此重叠的无核细胞构成，胞质内的透明颗粒已扩散，变成黏稠透明状物质。

2. 生发层

(1)*粒状层* 位于透明层之下，由扁平细胞组成，胞质内有许多小颗粒，这些小颗粒是由一种叫透明质的特殊蛋白质组成。

(2)*棘状层* 在粒状层之下，是由几列多角形活细胞组成，这一层的细胞也没有增生能力。

(3)*基底层* 是表皮层的最下层，与真皮层相连，由 1～2 层柱状细胞或立方形细胞组成。这一层的细胞有分裂增生能力，可以不断地从血管中吸收养分和水分。因此，这一层细胞的胞质营养成分很丰富，胞核肥大而明显，细胞界限清晰。这一层的细胞沿着真皮层起伏不平的表面排列成栅形，并在毛生长的地方深入真皮层而形成外毛根鞘。在本细胞层与真皮层之间有一层具有光泽的基底膜，即基膜。基膜极薄，呈玻璃纸状，厚度为 20～30 纳米。

(二)真皮层 是兔皮的主要部分，占皮板厚度的 90%，皮板优劣与真皮层的厚薄有关。真皮层又分为网状层和乳头层。真皮层由纤维成分和非纤维成分组成，纤维成分由胶原纤维、弹性纤维和网状纤维组成。非纤维成分由血管汗腺、毛囊、肌肉、淋巴管、神经、纤维间质和脂肪细胞等组成。

1. 网状层 在表皮层的基底层下面，主要由弹性纤维和致密结缔组织组成。胶原纤维粗大，并紧密地编织成网状形成一种复杂的网状组织层，占真皮层的大部分，是皮板中最紧密、最结实的一层。这一层中弹性纤维和脂肪细胞少，不含脂肪腺和毛囊。兔皮成品的强度主要由本层所决定，所以应防止在加工过程中造成刀伤。

2. 乳头层 由相互交织的胶原纤维和弹性纤维组成，表面呈乳头状凸起，其中含有皮脂腺、血管、淋巴和神经，还含有毛囊、竖毛肌等，能调节体温。乳头层占的比例越大，则兔毛越密，皮板的物理性能越差。乳头层中的胶原纤维细小，所占的空间相对较小，编织连续性差，构造比较疏松，细菌容易进入和繁殖，故容易受细菌作用而腐败，如果生皮保存不好，极易使乳头层遭到破坏而导致皮板分层和裂面，降低皮张的使用价值。

（三）皮下组织 是由与生皮表面平行、组织疏松的胶原纤维和一部分弹性纤维以及大量的脂肪细胞所组成的一层。皮下组织内含有血管、淋巴管以及脂肪组织，是皮板与兔体肌肉之间互相联系的疏松结缔组织，剥兔皮时就是由这一层开始将兔皮从兔身上剥下。

二、兔毛的结构

（一）兔毛的形成 兔的毛囊在胎儿期就已经形成，最初在表皮生发层出现毛囊原始体，由毛囊原始体进一步发育成毛囊。毛囊分初级毛囊和次级毛囊，前者分化发育早，产生直而粗硬的兔毛，即枪毛或称针毛；后者分化发育迟，产生细而柔软的细毛，即为绒毛。对胎儿皮肤发生层进行组织切片涂色在显微镜下观察，发现毛囊原始体出现在妊娠 19 天左右，于 22～24 天时大量形成。首先出现于头部，继而出现于背部、臀部和体侧，然后分化出初级毛囊和次级毛囊，妊娠 28 天时，毛纤维已开始穿出皮肤表面。开始形成毛纤维的细胞是圆形的,以后纤维外层的细胞很快变得扁平,形成鳞片层;里层的细胞变成长纺锤形,形成皮质层。再经过系列变化,最后形成毛纤维。

(二)兔毛的组织结构 1根兔毛由外向内分为3层,外层为鳞片层,中间为皮质层,里层为髓质层。

1. 鳞片层 是由一层扁平的角质化细胞彼此重叠排列而成的。细胞排列有重叠部分和游离部分,似鳞状,所以本层称鳞片层。游离端朝向毛尖,使水分不会渗入毛的深处。鳞片层很薄,只有0.5～3微米,占毛纤维重的10%。鳞片层可以保护毛纤维不受物理、化学因素的影响,一旦毛纤维受到破坏,毛纤维的强度、伸长度、弹性均受到严重破坏。鳞片按其排列的特点和大小,又可分为环状鳞片和非环状鳞片2种。

(1)环状鳞片 多见于绒毛纤维,它包围在毛纤维周围。每个鳞片呈不规则的环状套在毛纤维上,鳞片自上而下彼此套在一起,每个鳞片的上端都是游离或翘起的。

(2)非环状鳞片 多在兔的枪毛上,这种鳞片较小,1个鳞片不能将1根毛干包围起来,而是似鱼鳞或竹笋壳状相互交错排列,包绕于毛干表面。

鳞片层是毛纤维独有的表面结构,它赋予毛纤维特殊的摩擦性、毡缩性、吸湿性,以及不同于其他纤维表面的光泽和手感。在外表皮层中有许多小孔,在干燥条件下微孔极小,而在潮湿情况下,微孔张开,这些性能可以影响鞣制、染色工艺和产品质量。

2. 皮质层 本层是由多角形或纺锤形细胞构成。皮质层细胞结合很紧密,皮质细胞在毛纤维中沿纤维纵向排列,紧连于鳞片层内面而构成毛的主体部分,其决定着兔毛的主要物理性质和化学性质,是兔毛的物质基础。毛纤维越细,皮质层占的比重越大;毛纤维越粗,皮质层占的比重越小。

皮质层又分为正、副皮质层。正皮质层细胞粗而短,沿细胞轴向存在明显扭曲,含硫量低,对酶和化学试剂的反应活泼,碱性染料易着色，吸湿性大；副皮质层细胞细而长，无明显扭曲，含有较多的双硫键，使其分子连接成稳定结构，容易被酸性染料染色，对化学试剂不如正皮质层细胞敏感。副皮质层比正皮质层结构紧密，力学强度高。由于正、副皮质层的物质和结构有差异，引起内应力不一致，导致天然毛卷曲。

3. 髓质层 是毛纤维的中心部分。它的成分是由一种细胞膜和细胞原生质已经硬化了的多角形细胞构成的多孔组织。髓质细胞中充满气体，能降低毛的导热性，从而产生较好的隔热性。毛的保暖性就是由这一层特殊结构决定的，髓质层发达的毛纤维保暖性好。兔毛的枪毛和绒毛都有髓质层，髓质层占比例大的，兔毛的强度、伸度、弹性、卷曲度、柔软性和染色能力较差。

兔毛鳞片层、皮质层和髓质层的厚度是不同的，家兔毛纤维最粗部分的鳞片层占1%，皮质层占12%，髓质层占87%；野兔则分别为1%、8%和91%。毛下面的圆筒形部分，家兔的鳞片层占1%、皮质层占25%、髓质层占74%；野兔分别为1%、12%和87%。

(三)兔毛的形态结构 兔毛由毛干、毛根、毛球3部分构成，另外还有一些附属营养和保护结构组成整毛的结构。

1. 毛干 是毛纤维露在表皮层以上的部分。

2. 毛根 是毛干在毛囊内的延续部分。

3. 毛球 是毛最下面的膨大部分，它包围着毛乳头。毛球的基底部分在活体上，是由活的表皮细胞构成。这些细胞在不断繁殖和演变的过程中，逐渐形成毛根和毛干。毛根和毛干都是由逐渐角质化的、不能繁殖的细胞构成。

4. 营养和保护结构

(1)毛乳头 是供给毛球营养和对兔毛生长起神经调节作用的重要组织。它与毛球相连接，由结缔组织组成，其中有密集的血管和神经末梢。随着毛球细胞的增殖和衍生，毛球表面细胞硬化后变为鳞片层，内层细胞演变为皮质层。附在毛乳头上端的毛球上部则皱缩干燥形成毛的髓质层。

(2)毛鞘　是数层表皮细胞形成的圆管，它包围着毛根。毛鞘分外毛根鞘和内毛根鞘2部分。外毛根鞘是由表皮细胞构成，并在毛囊深处表皮的延续部分；内毛根鞘同样是表皮的延续部分，但其组成的蛋白质不同于毛和表皮角质层的蛋白质。

(3)毛囊　是表皮部分凹入真皮内所形成的组织，毛根位于其中，毛的发生和生长都在毛囊中进行。家兔的毛囊平而长，深入到真皮上部1/3～1/2处，由2层构成，外层是结缔组织，称为毛袋，由胶原纤维和弹性纤维构成；内层是毛根鞘，有营养和保护组织，还有皮脂腺、汗腺和竖毛肌。

(四)兔毛纤维的类型　兔毛是由不同类型的单根毛组成的，根据形态划分其毛型可分为枪毛(或称针毛)、绒毛和触毛；根据毛纤维的细度分，可以分为粗型毛、细型毛、两型毛。

1. 按形态分类

(1)枪毛　长而直，光滑、粗硬而脆，数量较少。肉用型兔、毛用型兔的枪毛都长于绒毛，而皮用型兔(獭兔)的绒毛与枪毛长度相同。枪毛又分为2种，即定向毛和非定向毛，定向毛较长且有弹力，其毛尖为椭圆形，起定向作用；非定向毛软短，比定向毛数量多，毛尖为矛头状，便于保护绒毛。枪毛耐摩擦、不倒伏，所以有保护绒毛不倒伏、不擀毡的作用。

(2)绒毛　短而细密，较为柔软，呈波浪形弯曲，毛尖呈圆筒形，覆盖于皮肤上造成不流动的空气层，起到保温作用。绒毛毛干呈非正圆形或不规则的四边形。兔毛质量优劣在很大程度上是由绒毛数量和品质决定的。

(3)触毛　触毛短，有弹性，毛尖呈圆锥形，生长在兔的嘴角上，有触觉作用。

2. 按毛纤维细度分类

(1)粗型毛　即枪毛。这种毛在獭兔长度为1.3～2.2厘米，平均长度1.6厘米；在毛被中的比例为3%～4%，德系獭兔粗毛率高，能达到6%～7%；细度为30～120微米。肉用型兔粗毛长度在3厘米以上。粗型毛具有鳞片层、皮质层和髓质层。髓质层的髓细胞排列紧密，在毛纤维中从根到梢排列的层数是由少到多，再由多到少。一般毛根部多为2层，中间多达12～15层，梢部为8层。

(2)细型毛 细度为7～30微米，平均细度为12～14微米，獭兔绒毛细度为14～19微米。细毛纤维的长度因品种不同而有差异，獭兔绒毛长度为1.2～2.2厘米，肉用型兔为1.5～2.5厘米，长毛兔为5～12厘米。长毛兔的绒毛有明显的卷曲，但卷曲不整齐，弯度不一。细型毛的结构也具有鳞片层、皮质层和髓质层。髓腔只有1层髓细胞组成，但在毛根部及末梢均无髓质层。毛表面的鳞片层鳞片小而紧密，数量多，呈环形排列，鳞片尖端有部分游离在外，具有很高的黏合力。

(3)两型毛 应属于粗型毛，但比粗型毛短，在单根毛上有2种毛纤维类型，上半截毛纤维平直、无卷曲，髓腔发达，具有粗型毛的特征；毛的下端则较细，卷曲不规则，只有单层髓细胞，具有细型毛的特征。在毛纤维上具有粗型毛特征的部分较短，具有细型毛特征的部分较长，粗、细之间的直径相差较大。在粗、细两段的交界处容易断开。

第二节 兔皮的化学组成

一、蛋白质成分

蛋白质成分中又分为结构蛋白质和非结构蛋白质。结构蛋白质包括胶原蛋白质和角质蛋白质；非结构蛋白质包括简单蛋白质、结合蛋白质、纤维间质和酶类。胶原蛋白质是构成皮板的主体，占皮板总蛋白质含量的80%～85%，角质蛋白质是构成纤维间质的主体。

(一)胶原蛋白质 是构成兔皮板的重要结构蛋白质,广泛分布于毛皮动物的体内和皮板内,起到保护和支撑机体的作用。胶原蛋白质周围包裹着由黏多糖和其他蛋白质组成的基质,按其所在的组织不同,将其分为皮胶原蛋白质和骨胶原蛋白质等。按其溶解性又可以分为不溶性胶原蛋白质和可溶性胶原蛋白质。胶原蛋白质为白色、透明、无分支的原纤维,在绝对干燥状态下是硬而脆的物质,密度为 1.4 克/厘米^3。

(二)角质蛋白质 是由兔毛被、表皮层构成的基本蛋白质,含量较多的是胱氨酸,双硫键较多,结构坚固,构成的毛皮对身体能起到防寒和保护作用。角质蛋白质又可分为硬角质蛋白质和软角质蛋白质。硬角质蛋白质又称真角质蛋白质,含硫量高达 3%以上,含脂类物质较少,结构牢固,组织细密有序;软角质蛋白质又称为假角质蛋白质,含硫量低于 3%,含脂类物质较多,耐热性低,组织疏松而柔软。

(三)网硬蛋白质 网状纤维的主要组成部分,是疏松结缔组织的主要蛋白质。在生皮中,网状纤维含量较少,集中分布在真皮的上表面。网硬蛋白质的氨基酸组成、X 线衍射图谱和电镜图像均与胶原蛋白质十分相似。在光学显微镜下看到的网状纤维为细的不成束的纤维,通过交织形成网状组织。

网硬蛋白质不溶于沸水和热酸,但溶于热碱。这些性质与胶原中双硫键交联结构的存在表现出一致性。

(四)弹性蛋白质 前面所述的胶原蛋白质、角质蛋白质和网硬蛋白质都是重要的结缔组织。由弹性蛋白质构成的弹性纤维,在生物活性条件下具有弹性,但是完全干燥失去活性后弹性消失,变得又脆又硬,极易断裂,这与胶原纤维不同。

但是,弹性纤维鞣制、加脂后仍能恢复原来的弹性。所以,在毛皮鞣制、制革的准备工段,对弹性纤维应给予适当破坏或分散。与胶原纤维相比,弹性纤维热稳定性好,即使长时间煮沸,也不溶解。弹性纤维对酸、碱溶液也很稳定,但是弹性水解酶可以分解弹性蛋白质。利用弹性蛋白酶水解性，可以从组织中分离制备弹性蛋白质。

（五）纤维间质 是一种由白蛋白、球蛋白、黏蛋白、类黏蛋白等蛋白质组成的无定形胶状物，类似凝胶。由纤维间质浸润着纤维束，并透入其内部，起着润滑纤维的作用。

白蛋白是基质中含量最多的蛋白质，其含量比球蛋白高50%。与球蛋白相比，白蛋白分子量小、溶解度大、稳定性好。白蛋白与球蛋白表现出相似的溶解性和沉淀条件，它们遇热凝固，在浓酸、浓碱溶液中产品产生沉淀，在适当浓度的乙酸溶液中也会形成沉淀，但所需的 pH 和沉淀剂的浓度要求不同。球蛋白比白蛋白更易析出，白蛋白在饱和的硫酸铵溶液中才能产生沉淀，而球蛋白只需在半饱和硫酸铵溶液中即能产生沉淀。

基质中的球蛋白多与黏多糖结合，其中糖的含量高达 15%。糖主要分布于蛋白质分子表面，使基质表现出较高的黏性。黏蛋白受热不凝固，在三氯乙酸或过氯酸溶液中不沉淀，但在 pH 8.6 时，随 X-球蛋白一起泳动。大量的黏多糖通过共价键结合到蛋白质上形成的化合物称蛋白糖，俗称类黏蛋白。蛋白糖主要存在于生皮基质中，它们在水中膨胀而不溶解，但在稀碱溶液和乙醇中能溶解，在食盐和硫酸钠的饱和溶液中不溶，加热不凝固。

除去基质中的蛋白质，特别是黏蛋白和蛋白糖，对松散纤维，获得柔软的皮板至关重要，因而在鞣制皮张的准备工段应尽量将其除去。

二、非蛋白质成分

鲜皮中的非蛋白质成分包括水分、脂肪、碳水化合物和无机盐，了解这些成分的化学特性和物理特性对兔皮的加工、鞣制具有重要意义。

（一）水分 刚宰杀剥下的兔皮含水量达到 65%～75%，品种、性别和年龄不同，鲜皮中的含水量也不相同，不同层面兔皮的含水量也不相同。如幼龄兔兔皮比老龄兔兔皮含水量高，母兔皮比公兔皮含水量高，组织细密的部位含水量低，表皮角质层含水量低，真皮层含水量高等。与一般水不同，兔皮板内的水不具有溶剂的特性，其蒸汽压、凝固点和介电常数都比一般水低。鲜皮中的水分，随着干燥时间延长而大量散失，形成过干生皮，由于胶原纤维结合紧密，加工浸水过程中就会导致吸水困难，造成生皮难以浸软。

(二)脂类 生皮中脂类物质含量为2%～3%，脂类是脂和类脂的总称，主要有甘油三酯、磷脂、蜡等。脂肪在生皮中主要存在于游离脂肪细胞和皮下组织中，其脂肪酸构成主要有肉豆蔻酸、棕榈酸、硬脂酸、饱和脂肪酸以及油酸、亚油酸等不饱和脂肪酸，脂肪不溶于水，易溶于乙醚、氯仿、苯、乙醇。碱皂化、酸水解和脂肪酶水解都能使甘油三酯分解成甘油和脂肪酸。

生皮中的磷脂包括脑磷脂、卵磷脂和神经梢磷脂等。卵磷脂含量最高，占磷脂总量的60%。磷脂是细胞膜的主要成分，在生皮中集中于表皮层和乳头层，是由甘油三酯、磷酸和含氮碱组成，易溶于乙醚、氯仿、苯等，但不溶于丙酮。

蜡是高级脂肪酸与长链单羟基醇或甾的水不溶性酯，加热变软，冷却后又固化。蜡主要分布在生皮表皮层和真皮层的乳头层。蜡微溶于乙醇、丙醇，在冷的乙醚、氯仿、苯中溶解度不大。可以水解，也可以皂化，但比甘油三酯困难得多。

(三)碳水化合物 鲜皮中的碳水化合物含量占皮总重量的1%～5%，从真皮层到表皮层、纤维间质均有碳水化合物存在。碳水化合物是单糖、二糖和多糖的总称，有葡萄糖、半乳糖以及糖原、黏多糖等。单糖和低聚糖在生皮中含量不高，为鲜皮重的0.5%～1%，包括葡萄糖、半乳糖、甘露糖等。单糖和低聚糖在组织中可以以自由态形式存在，也可以通过糖苷键与蛋白质共价结合。低聚糖与蛋白质结合形成糖蛋白。

(四)无机盐类 主要包括钠、钾、镁、钙、铁、磷、锌等。鲜皮中含量较少，占鲜皮重的0.35%～0.5%。一般在表皮层中钾含量相对较多，真皮层中钙含量相对较多；白色兔毛中含有较多的氯化钙和磷，深色兔毛中含有较高的氧化铁。除铁以外，其他盐类对皮影响不大。

第三节 兔毛被的构成、更换规律和各季皮的形态特征

兔的毛被是指所有生长在皮板上的毛的总称。毛被的外观多种多样，同一张皮不同部位毛的长度、粗细、形态也不尽相同。

一、兔毛被的构成

兔毛被由枪毛、绒毛和两型毛按不同比例成簇排列而成。各种兔毛的长度、细度和各种毛的比例也不相同。这里重点介绍獭兔的毛被构成。

獭兔的毛被特点是绒毛含量高，枪毛含量低，如果枪毛含量高，且长度突出于绒毛层以上，这张皮就是次等皮。据测定，獭兔皮中枪毛含量占4%～7%，绒毛含量占93%～96%。从不同部位看，枪毛含量以肩部最高，背部次之，臀部最少；从性别看，母兔毛被中枪毛含量除受遗传因素影响外，还受环境温度和饲养管理条件的影响。有好的种兔群如果不重视选种选育和饲养管理，也会引起品质退化，枪毛含量增加。

二、兔毛被的更换规律

（一）兔毛被的更换过程　兔毛有生长期和更换期。当兔毛生长到成熟末期时，毛囊底部未分化的细胞分生逐渐缓慢，并逐渐停止，毛囊底部变细，从下部生长的毛根内鞘也停止分生，遮盖毛乳头顶部的细胞角质化形成棒形体，而毛球和毛乳头逐渐分离，毛变成棒形，毛根上升，移到毛囊颈部而脱落，剩下来的毛乳头变小，有

时收缩而消失。在旧毛脱落时，上皮组织开始增生，新毛又从毛囊中生出，毛囊下部开始变厚、变长，毛乳头变大并进入毛囊底部上皮细胞内。在毛乳头以上的毛囊腔内充满新生的角质块，在角质块内有一层角质细胞，能看出其中含有透明蛋白，在此层内的细胞形成兔毛的本体。

（二）年龄性换毛 主要发生在未成年的幼龄兔和青年兔阶段。第一次年龄性换毛在兔出生后30日龄前后，至130～150日龄结束，尤以30～90日龄最明显。据生产过程中观察，120日龄以内的獭兔，被毛逐渐浓密、平齐。獭兔第一次年龄性换毛后，毛品质最好，此时屠宰剥皮可获得优质兔皮。

第二次年龄性换毛多在180日龄开始，至210～240日龄结束，一般持续1～2个月，最长的持续5个月。第二次换毛受季节影响较大，如果第一次年龄性换毛结束时正值春秋换毛季期，青年兔就会立即开始第二次年龄性换毛。所以宰杀取皮的獭兔在这150日龄前后，即在第一次年龄性换毛后立即屠宰，以免进入第二次年龄性换毛期。

（三）季节性换毛 这是就成年兔而言的，也就是成年兔春季和秋季各换一次毛。春季换毛在北方地区多发生在3月初至4月底，而在南方地区则发生在3月中旬至4月底；秋季换毛北方地区多发生在9月初至11月底，南方地区多发生在9月中旬至11月底。

季节性换毛持续时间长短与季节变化情况有关，一般春季换毛持续时间较短，秋季换毛持续时间较长，有些地方如秋后温暖换毛时间可持续至12月底。另外，换毛持续时间长短也与獭兔年龄、健康状况和饲料营养水平有关。

（四）兔换毛的顺序 獭兔换毛顺序多从颈部开始，紧接着是前躯的背部，再延伸到体侧、腹部和臀部。春、秋两季换毛顺序基本相同，只有颈部毛在春季换毛后至夏季仍不断褪换，而秋季换毛后则无此种现象。

獭兔换毛期间体质较弱，消化功能降低，对气候和环境的适应能力也相应减弱，容易受寒感冒。因此，换毛期间应加强饲养管理，供给营养水平高、容易消化的饲料，特别是含硫氨基酸应很丰富，这对毛被的生长、提高毛皮品质尤为重要。

三、各季皮的形态特征

根据獭兔换毛规律、换毛季节对兔毛生长的影响以及宰杀取皮季节不同，皮板与毛被质量也有很大的差异。

(一)春季皮 自立春至立夏(2～5 月份)，气温逐渐转暖，这时生产的兔皮底绒不如冬季细密，底绒略有空疏，光泽减退，板质也略薄，呈黄色，油性不足，品质较差。

(二)夏季皮 自立夏至立秋(5～8 月份)，天气炎热，经春季换毛后已经褪掉冬毛，换上夏毛。这时所生产的皮张，被毛稀、短，缺乏光泽，皮板也较薄。颜色多呈灰白色，皮张品质是全年中最差的，销售价格比冬季皮低，制裘价值最低。

(三)秋季皮 自立秋至立冬(8～11 月份)，这一时期气温逐渐由热转凉、转冷，且饲料丰富，早秋所产的兔皮毛绒粗短，皮板厚硬，稍有油性；中秋兔皮毛绒逐渐丰厚，光泽较好，板质紧实，富含油性，毛皮品质较好。

(四)冬季皮 自立冬至翌年立春(11 月份至翌年 2 月份)，此时是全年最冷的季节，秋季换毛以后，夏季毛全部褪掉换成冬季毛，因此生产出的皮张毛绒丰厚、平整、富有光泽，板质好，富含油性，特别是冬至到大寒期间所生产的皮张，品质最好。

第四节 兔毛皮质量要求、分级标准以及影响毛皮质量的因素

一、兔毛皮质量要求

兔毛皮质量优劣由以下 4 个方面组成和决定，即皮板面积、皮

板质地、毛被长度和毛被密度。有色兔还要考虑兔皮的色泽。

(一)皮板面积 皮板面积大小关系到皮的利用价值，在毛被品质相同的情况下，皮板的面积越大越好。评定板皮面积有 2 种评定标准，老标准规定一级皮面积为 1 111.11 厘米^2，二级皮为 944.44 厘米^2，三级皮为 777.88 厘米^2。2002 年中华人民共和国供销合作总社发布了獭兔皮新的质量标准，规定特级皮面积为 1 400 厘米^2，一级皮为 1 200 厘米^2，二级皮为 1 000 厘米^2，三级皮为 800 厘米^2。特级皮需要活兔体重在 3.25 千克以上，一级皮要求活兔体重在 3 千克以上，二级皮要求活兔体重在 2.75 千克以上。

(二)皮板质地 对皮板质地的要求是：厚薄均匀，板质坚韧，板面洁净，被毛附着牢固，色泽鲜艳。青年兔在适宜季节取皮，板质一般较好；老龄兔取皮则板质比较粗糙，且皮板过厚。部分兔皮板质不够好，表现厚薄不均等，多因饲养管理粗放，取皮技术不佳，晾晒、贮存、运输不当所造成，严重者失去制裘价值。皮板的厚度应在 1.8～2.2 毫米，臀部最厚，肩部最薄。

(三)毛被长度 评定獭兔毛皮品质的重要指标之一是要求兔毛长度均匀一致。一般在 1.3～2.2 厘米，平均 1.6 厘米。经测定，獭兔毛被长度在 1.77～2.11 厘米，肩部最短，臀部最长。

影响兔毛长度的主要因素有营养水平、取皮时间、性别等。营养条件越差，被毛越短且枪毛含量越大；未经换毛的毛皮，枪毛含量往往高于换毛后的皮；从性别差异来看，公兔毛略长于母兔毛。

(四)毛被密度 是评定毛皮质量的重要指标之一。獭兔的毛被密度越大越好。测定兔毛密度有 2 种方法，一是生产中现场测定兔毛密度，逆向吹被毛，形成的旋涡中心如果不露皮肤，或露出针头大小的皮肤面积，为极好的密度；如果露出的皮肤面积似火柴杆直径大小，则为良好；如果露出的皮肤面积比火柴头还要大，仅为合格。二是实验室测定，即在獭兔皮某部位剪下 1 厘米^2 的毛，在分析天平上称出其重量，然后分出 1/10 左右的毛，数其根数，在分析天平上称出其重量，由数过的毛的重量除以 1 厘米^2 毛的重量，所得的商乘以数过的毛的根数，即得到 1 厘米^2 毛的总根数，即这一部位毛的密度。据测定，獭兔毛的密度可达每平方厘米 1.6 万～3.8 万根，母兔毛被密度略高于公兔；从不同的部位测定看臀部毛被密度最大，背部次之，肩部较差。

影响兔毛密度的主要因素除了遗传基础以外，主要是受饲料营养水平、年龄和季节的影响。营养条件好的毛绒就丰厚，反之毛绒就空疏；青年兔比老年兔绒毛丰厚；冬季皮比夏季皮绒毛丰厚。饲养管理不善、忽视品种选育，均会影响兔毛被的密度。

二、商品皮分级标准

(一)收购分级标准 獭兔皮商品收购等级标准，早年由中国土畜产进出口总公司制定，是 20 世纪 80～90 年代分级的参考标准，分甲、乙、丙 3 个正式等级指标。随着市场变化，对獭兔皮的品质要求越来越高，于是 2002 年中华人民共和国供销合作总社发布了一个行业标准，目前基本上是按照这一标准执行的。现将标准介绍如下。

1. 加工要求 宰杀适当，去头、尾和小腿，沿腹部中线将皮剖开，刮净脂肪、残肉，整形、展平、固定，呈长方形晾干。

2. 质量要求

(1)*特级皮* 绒毛丰厚、平整、细洁、富有弹性、毛色纯正、光泽细润，无突出的枪毛，无旋毛，无损伤；板质良好，厚薄适中，全皮面积在 1 400 厘米^2 以上。

(2)*一级皮* 绒毛丰厚、平整、细洁、富有弹性，毛色纯正，光泽油润，无突出的枪毛，无旋毛，无损伤；板质良好，厚薄适中，全皮面积在 1 200 厘米^2 以上。

(3)*二级皮* 绒毛较丰厚、平整、细洁、有油性，毛色较纯正，板质和面积与一级皮相同；或板质和面积与一级皮相同，在次要部位有可带少量突出的枪毛；或绒毛与板质与一级皮相同，全皮面积在

1 000 厘米^2 以上;或具有一级皮的质量,在次要部位带有小的损伤。

(4)三级皮　绒毛略稀疏、欠平整,板质和面积符合一级皮要求;或是板质和绒毛符合一级皮要求,全皮面积在 800 厘米^2 以上;或板质和绒毛符合一级皮要求,在主要部位带有小的损伤;或具有二级皮的质量,在次要部位有损伤。

(5)等外皮　老板皮和不符合特级、一级、二级、三级皮要求的均归入等外皮。

3. 毛的长度要求　等内皮绒毛长度均应达到 1.3～2.2 厘米。

4. 等级比差　特级皮为 140%,一级皮为 100%,二级皮为 70%,三级皮为 40%。

(二)分级依据　兔皮分级的依据,主要是板质、毛绒、面积和伤残 4 大部分。

1. 板质　板质的优劣,主要由皮板厚薄、纤维编织的松紧、弹性和韧性大小以及有无油性来决定。鉴别时,通常用板质足壮(良好)、板质瘦弱(较差)来表示。

(1)板质足壮　皮板紧实,厚度适中,厚薄均匀,皮纤维编织紧密,弹性大,韧性好,有油性。

(2)板质瘦弱　皮板薄弱,纤维编织松弛,缺乏油性,厚薄不均匀,缺乏弹性和韧性,有的带皱纹。

2. 毛绒　毛绒的长度和密度决定着皮张的保暖性能。鉴别时,通常用毛绒丰厚、毛绒空疏等表示。

(1)毛绒丰厚　指毛绒长而紧密,底绒丰厚、细软,枪毛少而分布均匀,毛泽光润。

(2)毛绒空疏　指毛绒粗涩、粗乱,缺少光泽,或毛短绒薄,毛根变细,略显短平。

3. 面积　面积大小关系到利用价值,以生干板皮测量为标准,鲜皮、皱皮板在鉴定时应正确测量,酌情折合干皮的面积。皮张初加工不要过度撑拉,撑拉过大的皮张一律降级和作次品处理。

4. 伤残 剥皮不慎损伤皮板，或保存不善有大皱襞等均会降低皮张的利用价值。鉴定伤残、缺陷时，应区分软伤与硬伤，伤残处多少，伤残所在部位，伤残面积是分散还是集中等，全面衡量影响皮张质量的程度。

(三)鉴定方法 鉴定兔皮的方法要做到一看、二抖、三摸等步骤。

1. 看 用一只手捏住兔皮的前部边缘，另一只手捏住兔皮的后部边缘，仔细察看毛绒、色泽和板质。一般先看毛面、后看板面，观察被毛粗细、色泽，皮板、皮形是否符合标准，有无淤血、损伤、脱毛等现象。

2. 抖 如前面所述一样，用一只手捏住兔皮前缘，另一只手捏住兔皮的后缘，然后用捏住皮后缘的手上下轻轻抖动兔皮板，观察被毛长短、平整度，确定毛质软硬。春、秋两季剥制的兔皮或宰杀、剥制、加工过程中处理不当以及保存不当引起脱毛的兔皮，在抖皮过程中会出现毛绒脱出现象。脱毛皮一律应降级处理。

3. 摸 就是用手指触摸毛皮，以鉴别被毛弹性、密度及有无旋毛等。基本方法是用手插入被毛，凭感觉检查其厚度和被毛弹性，或用手压毛被面，感觉其厚度和弹性。

三、影响兔皮质量的因素

(一)取皮季节 青年兔5月龄前后取皮，此时是皮毛密度、牢固性最好的时期，所以取皮季节对青年兔皮的质量影响除了夏季毛密度低于冬季以外，对毛被牢固性无大的影响。但对成年兔、老龄兔淘汰则影响较大，春、秋季节取皮有脱毛现象，夏季取皮毛密度较差，因此以冬、秋季取皮最好。

(二)宰杀年龄 5月龄的兔皮毛被品质比幼龄兔、成年兔、老龄兔均好。4月龄以前的幼龄兔皮，因绒毛不够丰满，胎毛未褪换完，显得毛粗绒稀，板质轻薄，商品价值不高；5～6月龄的兔绒毛浓密，色泽光润，板质厚薄均匀、结实，质量最好；老龄兔皮板质厚硬、粗糙，绒毛空疏、枯燥，色泽暗灰，商品价值很低，而且毛皮质量有随产仔胎次增加而逐渐下降的趋势。

（三）种质因素 即遗传因素，是决定兔皮质量的关键因素之一。

1. 杂色兔 是指被毛中掺杂有其他颜色的毛，杂色毛尽管数量少、分布均匀，也影响兔皮的品质。一般来说，数量多、呈斑块状的影响大，数量少、呈均匀分布的影响小。

2. 色斑兔 在毛被中杂有不同色泽、大小不等的杂色毛斑块，明显影响皮张的外貌，白色兔皮毛中杂有有色毛斑或有色兔皮毛中杂有异色毛斑，影响都很大。

3. 色带兔 即在体侧部带有与背腹部毛色不同的、自前躯至后躯的异色被毛，尤以数量较多、散布不规则的色带影响更大。

4. 锈色兔 即绒毛表面出现的不正常锈色，尤以蓝色、黑色、巧克力色、青紫蓝色被毛最易出现，一般在老龄兔、营养缺乏的兔中较多见。

（四）饲养管理因素 饲养管理的优劣，对兔皮品质影响较大。饲料中如果蛋白质含量低于16%，往往会导致短芒或毛纤维强度下降；饲料中如果维生素、微量元素缺乏，常会导致毛被褪色、脆性强，甚至产生脱毛现象。另外，营养不良还会引起兔生长受阻，体型瘦小，导致皮板面积达不到等级皮的面积要求。

1. 尿黄皮 因笼舍潮湿，卫生条件差，导致兔腹部、后躯毛被被粪便、尿液污染变为黄色；或因铁笼的承粪板隔离不严，上层笼内的兔尿流到下层兔身上造成毛被污染变黄。轻度污染仅使毛尖发黄的，影响其外观；严重污染可使腹毛呈深棕色，会导致被毛脆而易断，严重影响使用价值，使兔皮变为废品。

2. 伤疤皮 因管理不善造成咬斗，咬破皮肤，伤口愈合后形成瘢痕；如果细菌感染造成溃烂，治愈后瘢痕更大。初愈的伤口患处无毛，呈光秃状，时间久了会长出短毛，影响皮的质量，使兔皮等级下降。

3. 癣皮 因兔舍潮湿或卫生条件不好导致兔患疥癣病，轻则使被毛粗乱，缺乏光泽，重则使皮肤结痂，毛被成片脱落，失去制裘价值。

（五）加工因素 加工不当常会出现刀伤、歪皮、偏皮、缺材、撑板、折裂、皱缩板等，把一张品质很好的商品兔皮降为次品。

1. 刀伤皮 由于剥皮技术不佳或剥皮时处理不当划破皮板造成破洞的称刀洞；划破皮板未成破洞的称描刀，描刀深度不到板厚的 1/2 影响不大，超过 1/2 时影响较大，制裘后可能出现孔洞。

2. 歪皮 剥皮时不是从肛门处沿后肢内侧腹背分界处挑开，容易造成背部皮长、腹部皮短；或因后裆开割不当，形成背部皮短、腹部皮长。这类皮张均会影响毛皮的出材率。

3. 偏皮 皮筒开片时，未沿腹中线分割，造成皮板脊背中线两侧面积不均等，形成偏皮。这类皮张严重影响出材率，造成降级降价。

4. 缺材 制裘厂要求獭兔宰杀适当，处理后的皮形完整，开成片皮。因加工不当、管理不善或其他原因造成的皮形不完整，均称缺材皮，也应降级处理。

5. 撑板 因晾皮时撑得面积过大，皮纤维拉得过长，不按自然状态晾干，待皮干燥后，腿部、腹部皮张很薄，不仅极易折裂产生裂痕，而且鞣制后皮纤维也不能恢复弹性，失去利用价值，成为次皮。

6. 皱缩皮 鲜皮晾晒时，由于没有展平或周边未固定好，皮板干燥后出现皱缩，不仅影响外观，捆扎或受重压时皱襞处极易破裂，会严重损坏皮板，降低其使用价值。

（六）贮存因素 兔皮贮存保管不当，也容易出现陈皮、烟熏皮、油烧皮、闷皮、虫蛀皮等。

1. 陈皮 生干皮存放时间太久，导致皮板发黄，失去油性，皮层纤维间变性，被毛枯燥，缺少光泽，浸水后不易回潮，鞣制后柔软度较差，容易产生折裂伤。

2. 烟熏皮 兔皮在干燥、贮存期间，因烟熏时间过久，皮板发黄、干燥、失去油性，被毛发涩，失去光泽，制裘后被毛光泽、柔软度变差，严重降低质量和使用价值。

3. 油烧皮 剥下来的鲜皮因未去净油脂或肉屑，晾晒不当或受太阳暴晒，脂肪融为液状后渗入皮层即成为油烧皮，导致制裘时脱脂困难，严重者失去利用价值。

4. 受闷皮板 剥下的鲜皮因晾晒不及时或晾晒方法不当，导致皮板腐烂变质、被毛脱落、板面变黑的均称受闷皮板。轻则局部腐烂造成损失，另一部分未腐烂的还能利用，重则整张皮都失去利用价值。

5. 霉烂皮板 在贮存或运输过程中，皮张受潮，或鲜皮未完全晾干，或搓盐防腐不彻底就堆积保存等，均可使皮张部分或全部发霉变质，引起腐烂，使之降低或失去利用价值，造成经济损失。

6. 石灰板 晾晒生皮或贮存皮张时，在皮板上撒生石灰吸水，因生石灰遇水转为熟石灰过程中产热，使皮张中的胶原纤维发生变化，皮层组织受损，轻则制裘后皮面粗糙，重则板面硬脆，极易折断，不能利用。

（七）性别因素 在其他条件相同的情况下，性别对兔皮的品质也有影响。5月龄前后宰杀的公兔皮一般要比母兔皮皮张面积大、皮板厚，但被毛偏粗。成年后的公兔皮则皮板更厚，被毛更粗，毛绒更稀，板质更为松弛，缺乏弹性，即公兔皮虽然比母兔皮大一些，但毛皮质量不如母兔皮。母兔皮的品质也有不足的一面，即皮张的品质随产仔胎次的增加而明显下降，产仔胎次越多，毛皮品质越差。

第五节 兔皮鞣制技术

兔皮革鞣制的目的是使板质柔软，蛋白质稳定，抗潮湿、防霉变，坚固耐用，可以制作高档服饰。

兔皮的鞣制方法很多，有硝面鞣制法、铝-铬结合鞣制法、甲醛

鞣制法、甲醛-铝结合鞣制法、铬-铝结合改良法鞣制陈年兔皮等。其原理主要是利用兔皮纤维组织的多孔性，使鞣制液和纤维组织之间发生一系列的物理和化学变化，将生皮变成柔软、丰满、厚薄均匀、有延伸性和可塑性的熟皮。

鞣制加工后的熟兔皮要求皮板完整、厚薄均匀，板面清洁、平整、美观、柔软、丰满。皮板硬，抖动时发响，强度低，一撕即破，毛板松动，纤维缠结，毛色暗灰，缺乏光泽等，均属缺陷毛皮。

一、硝面鞣制法

硝面鞣制法适合小规模鞣制厂应用。

(一)准备工序

1. 组批与称重 组批就是按照兔皮的厚薄、大小和存放时间的长短分批归类，目的是同批下缸能保证鞣制的质量一致。称重是给每批兔皮进行称重，作为鞣制时用药的依据。称重时割除头部、腿部等多余的皮，以便鞣制时用药准确。

2. 洗净与浸泡 分批称重后的皮，用清水先洗去皮张上的尘土、粪污、血迹等，然后每千克皮加 8 升净水浸泡 12～14 小时，直到浸软为止。如有橡皮样感觉，表示没浸泡到位，应再继续浸泡，直到柔软为止。浸泡时切勿使皮露出水面，每天搅拌 2 次并加温 1 次，使温度保持在 38℃～40℃，在夏季可以不加温，但时间可以延长一些，浸泡 3～6 天。

3. 脱脂 在浸泡过程中，尽管皮毛中绝大部分的油脂已被去掉，但仍要进行脱脂工作。脱脂的方法是：每千克皮用水 10 升，每升水中加纯碱 0.3～0.5 克，洗衣粉 1.5 克(肥厚的皮可多加一些，瘦薄的皮可少加一些)。水温保持在 38℃～40℃，浸泡 30～50 分钟，肥厚皮浸泡时间应略长一些，瘦薄皮浸泡时间应略短一些，但必须掌握适度，浸泡时间过长易引起掉毛。最后用清水洗去皮张表面的油污和碱液。

4. 浸硝 脱脂处理完的皮要进行浸硝，其方法是：按每千克皮用6升水，每升水中加芒硝80～100克，米粉或大麦粉50～60克，另外加入麦芽50克，在常温下浸泡18小时。芒硝要先用热水化开、澄清，取上清液与米粉（大麦粉）和捣碎的麦芽拌均匀后下皮。也可将米浸泡1天后磨成浆使用。要注意总水量不要增减，保持规定的用水量，以保证浸硝液的浓度。

5. 揭去里肉 浸硝出皮后，挤干水分，用手指从尾部向颈部方向剥去2层肉面（板面）的肉膜，以及残肉、油脂。特别注意边缘上也一定要除净，否则鞣出的皮发硬。如有难揭的，是未浸好的表现，不要硬揭，以免撕破皮板，可以留下以后用刀铲除。

（二）鞣制工序 在浸硝液中进行。每升水中补加米粉或大麦粉50～60克，芒硝50～60克，另外加50克麦麸。以后连续使用该液，只是在每批处理前在每升水中补加米粉30克和芒硝30克。

操作方法：将配好的鞣制液先加温至38℃左右，投入皮张，以后每天搅拌2次，并加温1次，使温度保持在38℃～40℃，夏季鞣制时可以不加温，但鞣制时间可以略延长一些，鞣制3～6天即可。鞣制是否完成，可在每天搅拌翻动皮张时，用手推皮张最薄部位的被毛，如出现轻度脱毛，皮板手感松懈，伸张性好，即为鞣制好的表现，要立即出皮。否则，鞣制时间过长将会引起皮张掉毛。

（三）整理工序

1. 干燥、回潮、铲皮 出皮后挤干水分，吹晒至八九成干，要先晒肉面，后晒毛面。干燥的目的是停止鞣制作用。

在干燥皮的肉面喷上约干皮重40%的浸硝液，然后每2张皮肉相对垛起来，用湿布盖好过夜，使其回潮均匀，以便钩铲。

将回潮好的皮张用刀铲去未揭净的皮块与较厚的部位，同时通过反复钩铲，使皮板柔软。

2. 整理入库 将铲下的皮屑抖掉，如有破皮要缝好，缠结毛要梳通，之后即可打捆入库，存放在阴凉干燥处。同时，在每张皮上放几粒卫生球或樟脑片，用量约为皮重的2%，以防虫蛀。如用霉虫片更好，既可防霉又可防虫。

硝面鞣制法的优点是：方法简单，成本低廉，毛皮柔软耐用。但如果浸泡、浸硝、鞣制和钩铲不到位也会发硬，如是换毛期的皮板则会掉毛。

硝面鞣制法的缺点是：鞣制的兔皮制成产品后不能用水洗，否则会使皮板变硬。如果产品皮毛脏了，可用浸硝液清洗。

二、铝-铬结合鞣制法

本方法既可以克服单纯铬鞣制而产生的皮板发绿和皮板收缩的缺点，又能弥补单用铝鞣制而造成的皮板变薄和不耐水洗的缺点，可增加兔皮的柔软性，促使铬盐在皮内均匀分布，并增强其结合牢度，确保兔皮柔软和丰满。

(一)准备工序

1. 组批　按照兔皮的厚薄、大小、保存时间的长短，以及在保存过程中的过干、腐烂、掉毛等情况进行分类，把性质相近的皮选出，组成同一生产批，这样便于加工过程中的工艺控制，使产品质量尽量达到一致。

2. 称重　将选定并组批的兔皮分别称重，作为浸水、脱脂和复浸工序的依据。

3. 浸水　目的是使原料皮恢复至近鲜皮的状态，同时除去部分可溶性蛋白质，以及血污、粪污和杂物等，为下面各道工序创造条件。影响浸水的因素主要有以下几方面内容。

第一，原料皮性状的影响。这是影响浸水过程的主要因素。除了皮的种类、老化程度、紧密度、老嫩、防腐方法和污染程度以外，最主要是脱水程度的影响。干皮和盐干皮失水过多，可引起真皮中非蛋白质的变化和黏合，因此浸水困难。

第二，微生物的影响。浸皮所用的水（如用河水或塘水）和原皮本身（特别是防腐不良的皮）都存在大量细菌。皮蛋白质又是细菌生活的良好营养，因此当温度和酸碱度等条件适宜时，细菌会很快繁殖起来。细菌分解皮内蛋白质会产生硫化氢，发出腐烂臭味，产生掉毛和腐蚀孔等现象，严重时会造成整张皮烂掉。为了防止浸皮时发生腐烂现象，可在水中加入酸、甲醛或漂白粉等化学消毒剂，抑制细菌的繁殖。

第三，水的性质和液比的影响。液比是浸泡液的体积与皮的重量比。水中除有细菌外，还有钙、镁等盐类，也能促进细菌繁殖，因此浸皮最好用井水或自来水，而且要经常换水。液比的大小应根据原料皮的种类、毛的长短和密度以及所用的设备来决定。一般皮与水之比为 1∶16～20 即可。用水量大有利于皮中可溶性蛋白质和盐分排出，皮容易浸软、浸透；用水量少，不仅浸水速度慢，而且往往浸不均匀。总之，水的用量应保证使皮的各部位都能充分而均匀地和水接触为宜，不能有皮露出水面的现象。

第四，温度的影响。浸皮的水温最好保持在 18℃～20℃。水温升高，皮的吸水速度快，容易浸软，但细菌会大量繁殖，造成掉毛和烂皮现象；水温过低，浸泡速度慢，浸泡时间延长。当浸泡温度保持在 18℃～20℃时，既可达到正常浸水的目的，同时又可减少细菌的侵蚀。

第五，促进剂的影响。一般以酸或盐作为促进剂。酸能防止细菌繁殖，促进生皮吸水，而且很少损害皮内蛋白质；盐不仅能加速浸水，促进生皮吸水，而且能促使可溶于盐液的蛋白质洗净，对真皮的结构和性质无较大影响。盐很便宜，宜广泛应用，浓度以 2%～4%为宜。

第六，机械作用的影响。搅动和转动可促使生皮均匀地吸水，同时促使可溶性蛋白质和污物涤除。为防止皮板断裂和损伤毛被，在浸软后方可搅动或转动。

第七，浸泡时间的影响。浸泡时间以能将生皮浸软、浸透而且均匀为度。时间过长有利于细菌繁殖造成掉毛或烂皮发生。在一般情况下，浸泡 20～24 小时即可。

4. 脱脂 目的在于除去油脂和污物，常用方法包括乳化法和皂化法。乳化法是用肥皂或表面活性物质来脱脂，此法作用缓慢，不会降低毛和真皮的结合力。皂化法是用碱来脱脂，也就是使碱和油脂发生皂化作用。用皂化法脱脂时，温度不能过高，一般保持在 30℃左右为宜，最高不能超过 40℃。温度高虽有利于脱脂，但毛的角质会受到破坏，使毛质变脆，失去光泽，皮板胶化，毛孔发松，以至脱毛。一般是用纯碱来脱脂，其碱性较弱，既能脱脂，又不损害毛皮。

脱脂时最好用软水，如是硬水应先进行软化，如实在没有软化水的条件，可使用合成的磺化洗涤剂，其脱脂效果比肥皂好。脱脂溶液的 pH 在 10.5 时脱脂和去垢效果最好。搅动和转动有助于油脂乳化，以利于污物的分散和排出。但机械作用过强、并在温度过高的情况下毛易结毡，因此需要用较大的(1∶6～20)液比，搅动最好间歇进行，脱脂液配好投皮后，先搅动 10 分钟，以后间断搅动 2～3 次。

脱脂时间与溶液的浓度、温度以及机械作用等因素有关，在各种条件适宜的情况下，一般经 30～60 分钟即可。其标准是脱净油脂、无油毛和血绺。此时将皮捞出，用清水冲洗，然后将水控净。

5. 复浸 其目的在于进一步松散皮纤维，使生皮回鲜，为揭去里肉创造条件。

复浸液的配制：按照 1∶16～18 的液比准备好水，然后每升水加入芒硝 60 克，硫酸(66 波美度)0.5 克，调匀后加温至 30℃～32℃时投皮。先划动 10～15 分钟，以后每 2 小时划动 1 次，浸 16～20 小时完成复浸。复浸时要注意浸透，无干边和硬心。加芒硝时应先以水溶化澄清，用其上清液。

6. 揭去里肉 即揭去皮板里层的肉，铲除油脂和结缔组织，使皮纤维分离，以利于鞣制时鞣制液渗透，增加皮板的柔软度和延伸性。

揭去里肉之前，先将皮板肉面朝上摊开，然后由尾向头部揭，同时铲除油脂和结缔组织。要注意揭净，防止破皮或掉材，保证皮板完整。兔皮的结缔组织层较发达，且与真皮连接紧密，如用机器揭皮和铲皮，应事先以手工除去结缔组织。

7. 称重 经以上处理后，兔皮的质量减轻，因此要再称重1次，作为软化浸酸、鞣制和加脂等工序的依据。

8. 软化浸酸 即以蛋白酶和酸进行处理，使皮中某些肽键被打开，成为游离的羟基和氨基，从而在鞣制过程中与鞣制液起化学反应而结合。同时，破坏纤维间隙中的非纤维蛋白，使纤维间隙扩大，并使皮呈酸性，为鞣制创造适宜条件。

(1)原料 3350酸性蛋白酶3单位/毫升(老皮板增加至5单位/毫升)，食盐30克/升，芒硝60克/升，硫酸(66波美度)3克/升(分2次等量加入)。

(2)方法 按1∶6～8的液比将水加入槽内，加温至38℃～40℃，除蛋白酶外，其他原料先加入，硫酸先放一半，搅匀后投入蛋白酶，浸泡3～4小时，pH调至2.5～3.5时投入皮张，先搅动15～20分钟，以后间断搅动。6小时后再加入另一半硫酸，浸泡18～20小时即可。

浸酸时的温度、pH和时间均应严格掌握。旧液可以连续使用，但各种原料需按分析结果进行补加。准备工序处理得好坏，直接关系到鞣制成品的质量，因此各工序都必须严格按照规定要求进行操作。生皮经准备工序处理后，即可转入鞣制工序。

(二)鞣制工序 经准备工序处理的生皮即可进行鞣制。鞣制是使兔皮纤维蛋白质中的羟基与鞣制液碱式铝盐和碱式铬盐发生作用，从而使生皮变为柔软、丰满并具有一定物理性能的毛皮。本工序包括鞣制、静置、水洗甩干、加脂和干燥5道工序。

1. 鞣制 本鞣制法中使用的铝盐鞣制液，是以络合物状态存在的，其原理是使鞣制液渗入到皮纤维中与蛋白质的某些基团发生化学反应，从而形成牢固结合的状态。

(1)鞣制液的配制 三氧化二铬0.6克/升，三氧化二铝1～1.5克/升，食盐30克/升，芒硝60克/升，硫酸(66波美度)1克/升，润湿剂JFC 0.3克/升，滑石粉20克/升。按1∶6～8的液比在槽内放足量的水，再按上述用量加入食盐、芒硝和硫酸，最后加铝液、铬液和其他原料，使其溶化，调 pH 为 3.8～4 即可。

(2)使用方法　鞣制液配好后，加温至 36℃时下皮，8～12 小时后加温至 38℃，22～24 小时后加入纯碱(1～1.5 克/升)，调 pH 至 3.5，之后加温至 40℃，32～36 小时再加小苏打 1～2 克/升，加前先用 20 倍的水稀释，使 pH 达 3.9～4，温度保持在 40℃，鞣制 48 小时，测皮板收缩温度达 85℃以上时即可出皮。

(3)使用时的注意事项

第一，鞣制液浓度要准确，浓度小则鞣制液与胶原结合的量也小，在此情况下，即使延长鞣制时间，也不能得到理想的成品。

第二，温度应严加控制，开始时温度不宜过高，一般都在 36℃时下皮，以后逐渐增高，最后达到 38℃～40℃。

第三，调节 pH 和加温分别进行，以防鞣制液与皮板结合过快。出皮时的酸碱度和温度一定要控制在规定范围内，否则皮张有可能不耐水洗。

第四，下皮后要先搅动 10～15 分钟，之后需间断搅动数次，以免烫伤生皮或出现花板等现象。

第五，鞣制液可连续使用，但硫酸需要按 1 克/升补加，润湿剂 JFC 按 0.3 克/升补加，滑石粉按 10 克/升补加。其他辅料根据分析结果补足不足部分。

第六，上述鞣制过的老板兔皮，还要经削薄复鞣处理，具体步骤如下：将皮板削薄，要求厚薄适度，均匀一致，不削破、不掉毛。按 1：6～8 的液比将水放入槽内，然后加食盐 30 克/升，芒硝 30 克/升，29 号合成鞣剂 5 克/升，海波 4 克/升，氯化铵 2 克/升，充分溶解并升温至 40℃时下皮。下皮后先搅动 10～15 分钟，以后间断搅动数次，每次 3～5 分钟，24 小时即可出皮。

2. 静置　经以上程序鞣制的皮，需堆置数小时或过夜，使皮纤维与鞣制液进一步牢固结合。

3. 水洗甩干　堆置之后，用常温水洗涤 5～10 分钟，洗掉皮板和毛被上的盐和硝等残留物，洗后甩干。

4. 加脂　加脂的目的是为了提高皮板的柔软性、可塑性和强度，原料可分为天然油脂和合成油脂两大类。天然油脂包括动物油脂、植物油脂以及矿物油，合成油脂有阴离子型加脂剂、阳离子型加脂剂。目前有 1 号、2 号 2 种，1 号为红棕色油状液体，在 20℃以下时为棕色膏状物，水乳液稍带淡棕色，较黏稠，含油量大于 90%，pH 4～5，乳化性较稳定；2 号为黄棕色油状液体，水乳液呈乳白色，性能与 1 号相同。

加脂是提高皮张产品质量的一个重要环节，常用的方法有涂脂法和浸脂法 2 种。前者是将加脂剂直接涂布于皮板内面，然后展开皮张放置 2 小时以上，待加脂剂均匀渗入皮张后再行干燥。此法能防止毛皮污染，但工效低。后者操作较简便，效率高，但需严格控制酸碱度，以 pH 为 8 时效果较好。

在选用加脂剂时，应根据鞣制方法而定。铝-铬结合鞣制法用阴离子型加脂剂较好，因为经此法鞣制的皮张，其皮纤维肽键上的羧基与鞣制剂结合，剩下带阳离子的氨基，因此用阴离子表面活性剂进行加脂易于被皮张吸收。但是，吸收的速度不宜过快，否则会造成加脂不均匀。为达到均匀加脂的目的，加脂前可先以碱中和，减弱皮张表面的阳电荷，以利于阴离子型加脂剂的均匀渗透结合。

操作方法：按 1∶3～4 的液比在槽内加水，水温控制在 45℃，再按 5 克/升的比例加入 C-125 乳化剂充分溶解，然后一边搅拌一边按 40 克/升的量缓缓加入 1 号合成加脂剂，最后按 2 毫升/升的量加入氨水，调 pH 至 8.5 以上时投皮，浸泡 1 小时。投皮后搅动 10～15 分钟，以后间断搅动 2～3 次。在操作过程中，对液比、pH、浓度、温度和浸泡时间等均需严格掌握。

5. 干燥　分为自然干燥和控制干燥 2 种方法。自然干燥是将加脂完毕的皮板平铺于干净的地面，先皮面向上，日晒至含水量为 70%左右，再翻过来晒毛面，最后使皮的含水量达到 20%～30%即可。在晾晒过程中要防止日晒过干而裂皮。控制干燥法是在室内进行，温度以45℃～50℃为宜，慢慢干燥至含水量为20%～30%即可。

在干燥过程中，皮纤维仍在与鞣制剂结合，同时加脂剂也在继续扩散，进一步均匀地分布于真皮之中，从而加强与巩固鞣制和加脂的效果，最后达到成品要求。

（三）整理工序 经上述鞣制的兔皮，还需要进行滚转、除灰、铲皮和整理等物理性处理后，才能获得理想的成品。

1. 滚转 在转鼓中进行，目的是将皮板摔软，使毛皮松散、灵活。方法是：每100张皮用锯末3千克、细河沙2千克、滑石粉1千克投入转鼓内，然后放入经鞣制的兔皮，转动1～1.5小时即可。

2. 除灰 即除去滚转时所加的原料。方法是将滚转完的皮张装入转笼内转动，至无灰为止。

3. 铲皮 将皮铲开，使皮板平整，厚薄均匀，皮板清洁。用机械操作，要注意铲到边，并防止铲破和掉材。

4. 整理入库 铲完的兔皮，再经除灰等整理并加上防护剂后方可入库贮存。

三、甲醛鞣制法

甲醛是分子最大、结构最简单的兔皮鞣制剂。用甲醛鞣制的兔皮洁白而轻，且耐干和水，收缩温度达90℃。甲醛具有防腐和抗氧化剂的特性，故对受细菌侵蚀和需要进行漂白的皮张，用此法鞣制较为合适。

甲醛鞣制也分为3个工序，但准备和整理两个工序与铝-铬结合鞣制法基本相同，现就与其不同的部分加以介绍。

（一）准备工序 选皮、称重和浸水与铝-铬结合鞣制法相同，可参考前文所述内容。

1. 洗皮 目的是除去油污，使皮进一步回鲜。按1∶16～18的液比（以干皮计算），将温水放入槽中，然后加入2克/升的洗衣粉和0.5克/升的纯碱，加温至38℃使其充分溶化后下皮。下皮前和下皮时要搅动10分钟，以后再搅动2次，每次3～5分钟，30分钟后出皮并用水洗净。

2. 浸硝 目的是使皮纤维进一步回鲜，为揭去里肉创造条件。按1∶8～10的液比（以湿皮计算）加水，水中加芒硝100～120克/升，硫酸（66波美度）1克/升，温度保持在20℃～22℃，下皮浸泡16～20小时。硝液可连续使用，原料不足时另外补加，变味时一定要更新。

3. 揭去里肉 同铝-铬结合鞣制法相同。

4. 软化浸酸

（1）3350蛋白酶软化浸酸法 按1∶8～10的液比（以湿皮计算）用水，加入40克/升的盐、60克/升的芒硝，硫酸按3克/升添加，使用时先加1/2，浸泡6小时后再加剩余的1/2。充分溶解后投入3350蛋白酶5～10单位/毫升，浸泡1～2小时，然后将溶液加温至35℃～38℃，pH调至2.5～3时投皮浸泡20～24小时。先搅动10～15分钟，以后间断搅动，尽量使之均匀。出皮后控水1～2小时即可鞣制。旧液可连用，原料按分析结果补加。

（2）3942蛋白酶软化浸酸法 溶液配制与3350蛋白酶软化浸酸法基本相同。中小皮板3942蛋白酶的用量为5单位/毫升，老皮板可加至8单位/毫升。水温保持在35℃，浸泡4～6小时。搅动次数和时间同铝-铬鞣制法相同。

（二）鞣制工序 本法的原理是对皮纤维中蛋白质的氨基起作用，使相邻的氨基相结合，提高皮的收缩温度，从而起到鞣制作用，最后成为柔软、丰满并具有一定理化性能的成品。

按1∶8～10的液比（按湿皮计）用水，加盐30克/升、芒硝90克/升、甲醛5克/升、纯碱4～5克/升（分2～3次加），润湿剂JFC 0.3克/升，搅匀后投皮，先搅动20～30分钟，以后每30分钟搅动1次。12小时时加温至32℃，再加纯碱1克/升。36小时后加温至36℃，pH调至8～8.5。浸泡至44～46小时出皮，出皮后堆置过夜。

经堆置后用水冲洗残物，然后用酸进行中和。方法是：

按1∶10(以湿皮计)的液比用水,加硫酸1～1.3克/升,硫酸铵0.5～1克/升,搅动10分钟,水温保持在32℃,pH为2.5～5.5。投皮后每隔1小时翻动1次,浸泡6小时后捞出甩干。

经以上处理过的兔皮,其蛋白质链上的大部分氨基已结合,只剩下羧基,因此皮板带阴电荷,需用阳离子型加脂剂进行加脂。为防止加脂剂与皮表面大量结合,加脂前应先用酸中和,减弱皮张表面的阴电荷,以利于加脂剂的渗透和均匀分布。方法是:先在55℃～60℃热水中加入10克/升C-125乳化剂,然后边搅边加入加脂剂80克/升。当温度降至45℃时,加入1克/升氨水,将pH调至8左右,用毛刷将加脂液均匀地刷在皮板上,刷后静置2～3小时。

(三)整理工序

1. 回潮 将40℃～50℃的温水均匀喷洒在经干燥后的皮板上,然后皮板堆置过夜。如有闷不到的地方,需再喷洒1次。

2. 拉伸 将脊皮拉伸,使之伸展。

其余的工序如滚转、除灰、铲皮和整理入库等均同铝-铬结合鞣制法相同。

四、甲醛-铝结合鞣制法

甲醛-铝结合法鞣制兔皮是近些年研究出来的兔皮鞣制新工艺,鞣制出来的兔皮毛色洁白、有光泽、丰满、柔软、保温性能好、耐酸碱和高温、抗水性强。鞣制方法和工艺比较简单,易于操作,既适于大规模工厂化生产,又适用于手工作坊式生产,所以是比较实用的皮张鞣制工艺。

(一)准备工序

1. 组批 由于原料皮种类繁多,质量差异较大,为便于操作时控制条件,使鞣制出的产品均匀一致,必须对原料皮进行挑选、分级,把性质相近的皮组成一个生产批次。

2. 称重 对选定的原料皮进行称重,作为浸水、脱脂、复浸工序的依据。

3. 浸水　按1千克生皮加16升水的比例常温下浸泡24小时。投皮后搅动5分钟左右，以后每隔3～4小时搅动3～5分钟，每次搅动后，面上的皮张毛被向上，以达到皮板全部浸入水中的目的。

4. 脱脂　每千克皮张用10升水，加入洗衣粉3克/升、纯碱0.5克/升，pH调至9，脱脂30～60分钟。投皮搅动10分钟，并可适当抓毛，达到要求后捞出。

一般用硫酸-醋酸酐混合液检查，如果皮板不出现绿色即可。通常毛被上的油脂应保留2%左右，以保证产品的质量。脱脂后用清水洗净皮张，出皮后甩干水分。

5. 复浸　该工序为浸水工序的延续，使皮板进一步回鲜，使皮纤维松散，便于更好地揭去里肉。

每千克皮用水8升，每升水中加芒硝40克、甲醛1克、浓硫酸0.5克，常温下浸泡24小时。

投皮后搅动2～3分钟，8小时后加碳酸钠溶液中和，使之呈中性溶液。

6. 揭去里肉　将筒皮和脚眼挑开，从尾部向头部揭，将里肉和结缔组织彻底揭净铲软。揭里肉时应注意用力均匀，防止揭破皮板。对于薄板兔皮，为防止揭破皮，在除去残肉层后，可保留到浸酸后再揭里肉，以保证质量。

揭去里肉后的湿皮板应再进行1次称重，作为浸酸、软化等工序的下料依据。

7. 软化　目的是使生皮胶原水解，使胶原蛋白中某些肽键打开，使皮板柔软、丰满，手感好。

准备好缸或水泥池，每千克皮用8升水，每升水加1398蛋白酶10～12单位、食盐10克、洗衣粉3克，水温控制在28℃～30℃，浸泡2～3小时后，如果感到皮板松散，用拇指轻推后肋部位，毛有轻微脱落现象，即为软化完成。

软化完成后，立即用清水冲洗5～10分钟，以防毛根松动。若出现掉毛现象，应立即将皮投入甲醛鞣液或浸酸液中，以使毛与皮板结合牢固。

8. 浸酸 该工序是终止皮板上残余酶的作用，并使生皮膨胀，毛孔增大，皮纤维进一步分离和松散，为鞣制工序做好准备。

按1千克皮加8升水的量，在缸中加入清水，每升水加食盐30克、芒硝60克，溶解后每升水加3克硫酸混匀，投皮后搅动3～5分钟。4小时后将水温升至30℃～50℃，并搅动2～3分钟，浸泡6～8小时出皮，静置2～4小时，使皮纤维进一步松散。

将毛皮对折，在对折处用力挤压，由于毛被脱水，若形成典型的白色压痕，则说明浸酸适度，冲洗后可进入下一道工序。

(二)鞣制工序

1. 甲醛鞣制 利用甲醛与纤维中的氨基发生作用，使皮纤维的松散度达到一定的稳定性，使毛与真皮结合更加牢固，并将生皮鞣制成柔软、丰满、洁白，并具有一定化学、物理性能的兔皮。

每千克皮加水8升，每升水中加入甲醛5～6克、食盐20克、芒硝40克、纯碱4～5克(分次加入)，将溶液的pH调至8。将浸过酸的皮张投入甲醛鞣制液中，搅动20分钟，6～8小时后加温至35℃，每升水加纯碱2克，并搅动15分钟，15～18小时后再加温至35℃，每升水再加纯碱2克，再搅动15分钟。共计浸泡24小时左右，浸泡结束前2～3小时必须检查pH，若达不到8～8.5，可用纯碱调节。鞣制结束时，pH应达到7.8～8.2，出皮后静置2～4小时。

2. 铝鞣制 目的是对皮板做进一步鞣制，以消除皮板中的碱，铝化合物与皮板中某些基团反应，消除皮板膨胀状态，赋予皮板更好的弹性和延伸性，使皮板更柔软、丰满、洁白。

准备缸或水泥池，按每千克皮加8升水的量加入清水，每升水中加入硫酸1.5～1.7克、明矾5克、食盐30克、芒硝60克、滑石粉20克，调pH至4，溶液加温至35℃后即可投皮，投皮后搅动

10～15 分钟，以后间歇搅动数次，浸泡时间为 24 小时。

达到浸泡时间后，将毛皮肉面向外，叠成 4 折，在角部用力压出水分，如折叠处呈白色不透明状，好似绵纸，证明鞣制已成功。由于铝鞣液只能在很小的 pH 范围内发生鞣制作用，故生产中必须注意控制好鞣液的 pH，且必须保持稳定。

3. 静置与水洗甩干

(1)静置　目的是使皮纤维与鞣制液结合更牢固，巩固鞣制成果，通常静置 6～8 小时或过夜。

(2)水洗甩干　将静置后的皮板用水冲洗 10～15 分钟，洗去皮板上残留的皮屑、食盐、脏物、游离酸，使毛色洁净，防止皮板吸潮、冒硝等。洗后甩干控水 2 小时以上。

4. 加脂　目的是使皮纤维周围形成脂肪薄膜保护层，防止皮纤维在干燥中黏结，提高皮板的柔软性、可塑性和强度，并赋予皮板一种特殊的香味。

首先取 1 份土耳其红油、9 份水配成溶液，加热至 40℃～45℃，再用氨水 1～2 毫升/升调节 pH，使 pH 达到 8～9，然后用干净纱布蘸取溶液对皮张进行涂刷，每张皮约用 5 毫升。涂刷时先从中心开始，再向四周涂开，力求均匀一致，涂后将皮板对叠，平铺 2～3 小时，使加脂液均匀渗入皮内。

(三)整理工序

1. 干燥　由于皮张加脂后水分含量提高，而毛皮成品水分含量要求在 12%～14%，故必须对皮张进行干燥。方法是将加脂后堆置的皮板皮面向上铺在竹筛上，晾至水分含量在 20%～30%时再进行下道工序。

2. 铲皮　皮板在干燥过程中，纤维易发生黏结，故须使纤维分离，并去掉板面上的肉渣等污物。方法是用铲刀进行，将皮板放在平整光滑的案板上展开，用铲刀刮铲皮板内面，注意皮板四周也要铲到，并要求皮板完整、厚薄均匀、板面洁净。目前，可用铲皮机代替铲刀，效率较高，其加工要求与手工铲皮相同。

3. 整理 以上工序完成以后，在皮张毛面上放适量樟脑球，用塑料纸包好，数日后带有樟脑气味、柔软、美观的兔皮成品即告制成。此时可以皮面对皮面、毛面对毛面叠起来捆好，送往裘皮服装厂加工或出售。

五、铬-铝结合改良鞣制法

陈兔皮的鞣制有一定的难度，使用本工艺鞣制放置3～7年的陈兔皮效果很好，在生产中可加以推广应用。

使用本法鞣制陈年兔皮，关键环节有以下2点：一是浸水揭里肉，3年陈兔皮以浸水5～12小时揭里肉最佳，7年陈兔皮以浸水12～18小时揭里肉为佳；二是浸酸鞣制，分次加多种酸比一次性加单种酸效果更好。

（一）准备工序

1. 组批 根据皮板的大小、厚薄、脂肪的多少、放置年限等进行组批，剔除虫蛀皮、脱毛皮、伤残皮和杂皮等。

2. 浸水揭里肉 用井水或自来水浸泡皮张，每千克皮用10～12升水，水中加入2%食盐防腐，水温控制在20℃左右。将皮张浸入后搅动8～10分钟，以后每隔3～4小时搅动1次，每次搅动5分钟左右。放置3年左右的兔皮浸泡5～12小时，放置7年左右的兔皮浸泡12～18小时。

揭里肉应从尾部向头部用手均匀地揭去肌肉和皮下组织，注意不要用力过大，以免揭破皮板。揭里肉结束后继续浸水至24小时。

3. 脱脂 每千克皮用10升水，水温控制在40℃～42℃，每升水加入洗衣粉3克、纯碱0.5克，将pH调至9。将兔皮投入脱脂液后搅动5～10分钟，使兔皮与脱脂液充分接触。浸泡30～60分钟，捞出用清水洗净、甩干。

4. 复浸 每千克皮用10升水，水温控制在28℃～30℃，每升水中加入芒硝40克、甲醛1克、漂白粉0.01克、浓硫酸0.5克，搅拌使各种药剂充分溶解、混合均匀。然后把兔皮投入，立即搅动3分钟，静置4～6小时，再搅动3分钟，8小时后加入碳酸氢钠中和，再浸泡16～18小时。注意复浸应使皮板回软，防止霉烂、脱毛、发臭等。

5. 软化 每千克皮用8升水，水温控制在28℃～32℃，每升水中加入氯化钠10克、洗衣粉3克，搅拌使其充分溶解，再用少量35℃的水将曲霉溶解后加入其中，投入皮张，每隔1小时搅动1次，每次搅动15～20分钟，软化2～3小时即可。注意在软化过程中要严格控制水温。

软化标准是：用拇指轻推毛皮的后部，有轻微脱毛现象即可。若发现较严重的掉毛现象，要立即投入强酸液或甲醛液中。软化完毕的毛皮用清水流动冲洗5～10分钟，然后甩干，及时进入浸酸工序。

6. 浸酸 每千克皮用8升水，水温控制在30℃～35℃，每升水中先加食盐30克、芒硝60克，搅动使其充分溶解。然后，每升溶液中加入浓硫酸1毫升、乳酸1毫升，搅拌均匀，调pH至3。投皮后搅动2～3分钟，隔2小时后按上述剂量加酸，同时搅动兔皮。2小时后再次加酸，搅动毛皮。4小时后将水温升至30℃～50℃，搅动2～3分钟即可出皮。出皮后堆放2～4小时。

检查浸酸效果可将毛皮捞出，若皮板颜色呈淡蓝色，杂色毛皮板呈灰白色，表面粗糙，横拉伸展良好，将皮张折4折，用手指重压折叠部位，折线呈白色条纹，即为浸酸适度的表现。也可用甲基红指示剂滴于皮板断面上，若呈现红色，则表明浸酸效果良好。

（二）鞣制工序

1. 鞣制 每千克皮用8升水，水温控制在36℃，每升水中先加入氯化钠40克、芒硝40克、浓硫酸2.5毫升，使其充分溶解。再加入明矾15克、三氧化二铬0.6克，充分溶解，调pH为3.7～4.8。将兔皮投入鞣制液内，12小时后，调水温至40℃，鞣制12小时，再升温至42℃，用碳酸氢钠调pH为3.5左右，鞣制8～12小时。再用碳酸氢钠调pH至3.6，鞣制12小时。当皮张收缩温度在 75℃以上时，即可出皮，静置过夜。

在鞣制的最后阶段，横拉兔皮有弹性，将皮板朝外折 4 折，用手指重压折叠部，如呈现典型白绵纸状不透明的压痕，表明鞣制适宜。

2. 水洗和中和 用井水或自来水冲洗鞣制过的毛皮 10 分钟左右，以除去残留的药液。再将毛皮投入 2%硼酸溶液中，搅拌 30 分钟后，切一小块皮边，用石蕊试纸检验，呈微酸性即可，然后水洗后沥干。再将皮板投入到专用中性洗涤剂中，洗涤 10～15 分钟，洗净残留的洗涤剂，出皮甩干。

3. 加脂 芝麻油或棕榈油 10 份，肥皂 10 份，水 100 份，将肥皂切成碎片，加水煮沸，使之充分融化，再徐徐加入芝麻油或棕榈油，使其充分乳化后停火，待温度降至 40℃时即可使用。将皮板皮面朝上平铺在加脂台上，用干净的布蘸取加脂液，均匀地涂布在皮板上，涂后皮板对皮板叠起，放置 2 小时以上。

(三)整理工序

1. 干燥、回潮与铲软 加脂后将皮板皮面朝下搭在晾杆上，在通风阴凉处自然干燥。当毛皮水分含量降至 30%时，即可铲软。对干燥过度而变硬的兔皮可用 35℃～40℃温水均匀喷洒，洒水后皮面对皮面装入塑料袋中扎紧，放置 12 小时后再行铲皮。铲皮是将皮面朝上铺在圆木上，用铲刀轻铲皮面，铲除杂质，使纤维伸长，面积扩大，皮板柔软、发白即可。

2. 整理入库 将铲软后的毛皮继续晾干并进行梳毛、修剪，使每张毛皮整齐美观。然后毛面对毛面、皮面对皮面叠放，加入卫生球后包装入库。

第六节 兔皮制革技术

兔皮是廉价易得的皮张，长期以来主要用于生产毛皮制品。但是，随着养兔业的大力发展，肉兔皮和品质较低的獭兔皮越来越多，把这些兔皮加工成革皮，由于手感好、花纹美观、强度也很好，适宜做皮包、票夹、手套、女士长筒靴、包带、童鞋等，对社会贡献也很大。

一、准备工序

兔皮皮板薄，皮纤维细，组织松软。要想保持兔皮革柔软、丰满，又有较好的机械强度，则在制作兔皮革过程中应尽可能地减少机械和化学作用对兔皮革的影响。

(一)组批 普通肉兔皮和一些毛被质量差的獭兔皮，均可用来制革。根据皮张大小、厚薄和贮存方法、贮藏时间安排组批。

(二)浸水 兔皮多以甜干法保存，也有部分鲜皮和盐腌皮。鲜皮和盐腌皮容易回软，甜干法保存的兔皮加入润湿剂 JFC 或蛋白酶后，浸水速度显著增加。浸水至里肉柔软、容易揭下时，转入涂灰工序。先用清水按 1 千克皮用 3 升水的比例，常温浸泡 12 小时，然后按 1∶3 的皮、水比例加入 0.02%的胰酶、0.2%的碳酸钠，调 pH 至 8.5。

(三)涂灰脱毛 兔毛是毛纺工业的生产原料之一，为回收利用兔毛，应采用低浓度涂灰的方法。硫化钠 6 克/升，石灰调稠，涂背颈部 60 分钟后理毛。

(四)浸灰和复灰 兔皮纤维细嫩，不需强烈的浸灰就可以较好地松散其胶原纤维束。因此，采用以石灰为主、加少量硫化钠和硫化氢钠促进脱毛的短时间浸灰方法，成品机械强度较好，手感丰满柔软。基本工艺参数为：每千克皮用 2.5 升水，每升水中加入硫化钠 1.5 克、硫化氢钠 2 克、石灰膏 3%～5%，制成浸灰液，常温处理皮张 3 小时；每千克皮用 2 升水，加入 3%～5%石灰，制成复灰液，常温处理皮张 5～18 小时。

(五)脱灰，揭去里肉 揭去里肉是兔皮鞣制的一道重要工序，传统方法的揭去里肉多安排在浸水之后，但浸水后工效较低，揭去里肉时容易破皮。本工艺生产实践证明，脱灰后揭去里肉的操作较容易，不影响成品的感官性能，并且有利于保护兔皮革的机械强度。具体做法是:水洗除去游离石灰,水中加入1%硫酸铵和0.1%硫酸,调pH至7~8。

(六)浸酸 除少部分老皮板外,兔皮浸灰后胶原纤维已得到较好的松散,无须软化即可得到柔软、丰满的产品。实践证明,在浸酸过程中对兔皮背脊线进行1次铲软,有利于消除兔皮颈背部硬、边腹部薄的现象。具体做法是:在水中加入6%食盐、0.8%甲醛、0.8%硫酸,调pH至2.8,常温浸泡4~24小时。

二、鞣制工序

(一)鞣制与中和 采用目前普遍使用的变型二浴法鞣制,注意温度和碱度应缓慢提高。具体工艺参数为:铬液(折红矾)2.5%,红矾1%,硫代硫酸钠还原,末期pH 3.6~3.8,温度38℃,鞣制12~18小时。

兔皮板质较薄,通常无须削匀即进行中和处理。具体工艺参数为:每千克皮用1升水,水中加入醋酸钠1.5%、碳酸氢钠1.5%,温度35℃,pH 5.8~6,中和1小时即可。

(二)染色加脂 根据用户需要,可将兔皮革染成各种颜色。以酸性染料为主,植物性染料为辅进行染色。工艺采用夹层染色法,先用亭江皮化厂生产的L-3.ST复合型加脂剂和SCF结合型加脂剂混合加脂。根据成品性能需要,还可以在染色加脂过程中加入PR-1树脂复鞣剂和KRI多金属复鞣剂,对边腹部和松面部位进行填充。基本技术参数为:每千克皮用1升水,水中加入染料1.5%、混合加脂剂12%、PR-1树脂复鞣剂1%、KRI多金属复鞣剂1%~2%、C-125乳化剂0.5%、甲酸1%,温度45℃,1.5小时后降温出皮。

三、涂饰整理

干燥、铲软、绷板后的皮革已具有柔软、丰满的手感,为保持这一良好的手感,本工艺采用中昊晨光化工研究院技术开发部研制的反应型皮革用聚氨酯系列乳化液(PUL-Ⅱ)为涂饰材料，按服饰革涂饰即可。

第七节 兔皮染色技术

在国内獭兔还没有商品化生产以前，人们把肉兔皮鞣制染色加工后，制成仿貂皮女式大衣，几乎达到以假乱真的程度，不仅增加了裘皮服饰的花色品种，而且也提高了普通兔皮的利用价值。目前，獭兔养殖业已进入商品生产时代，产品开发技术已经成熟，很多硝染企业采用染色工艺，把白兔皮染成深受消费者喜欢的各种颜色，制成各种款式的大衣、上衣、披肩、斗篷、围巾等，畅销日本、韩国、俄罗斯等国家，因产品质量精良、款式新颖、色泽艳丽、柔软飘逸、高雅华贵而在国外有一定市场，发展前景看好。

一、染料的种类

用于兔皮染色的染料较多，根据不同的染色工艺，可采用不同的染料。

(一)酸性染料 这种染料大多是芳香族的磺酸基钠盐，为偶氮结构。

1. 偶氮类酸性染料 以黄色、橙色、红色为主，蓝色系主要是藏青色，绿色和紫色色彩不鲜亮，商品中的棕色多为拼混染料。本类酸性染料中黑色品种也较多。单偶氮类酸性染料结构简单，匀色性好，色泽鲜亮，但染色牢固性差。随着偶氮数增加，颜色加深，染色牢固度有所提高，但渗透能力降低。

2. 三芳甲烷结构酸性染料 以鲜艳的紫色、蓝色、绿色为主，染色后不耐日照。

3. 蒽醌类酸性染料 以蓝色为主，色彩鲜亮，日晒牢固度好，适合反穿毛皮的染色。这类染料大都为深色。

酸性染料分子中含有亲水基，因而溶水性好。酸性染料分子小，渗透性好，容易进入皮纤维中。有些偶氮类酸性染料可与金属络合，提高染色的牢固性。在酸性染液中加入中性盐可以减缓染色进度。酸性染料染出的颜色鲜艳，但耐水洗、耐日晒能力较差。大多数酸性染料所染兔毛被用还原剂处理后，颜色消失，成为隐色体，如果再用氧化剂处理，颜色还能复原。偶氮类染料被还原后，再氧化不能恢复到原来的颜色。用铬鞣法鞣制的兔皮，与酸性染料的结合力很强，染色可以在不加酸的情况下进行。

用酸性染料染色时，在染色初期，为了加速染色，可在染浴时加入一定量的氨水，以提高染料的渗透力，在染色结束前再加入一定量的酸，可使染料更好地固着在毛纤维上。醛鞣法鞣制的毛皮染色时，在染色前还要先用铬复鞣，因为酸性染料在水溶液中带负电荷，所以它能与带正电荷的阳离子染料或助剂同浴使用，否则可能会发生反应生成沉淀而达不到染色效果。

酸性染料分为强酸性染料和弱酸性染料，强酸性染料染色液的 pH 应控制在 2～4，而弱酸性染料染色液的 pH 应控制在 4～6。

(二)酸性媒介染料 这类染料在结构上具有与过渡金属反应生成络合物的特点。染色均匀，牢固性强，湿处理后的牢固性也高，耐日晒和水浸，而且生产成本较低。

1. 酸性媒介染料的性质 酸性媒介染料以单偶氮结构为主。分子量小，溶解迅速，染色均匀一致。可使染料颜色加深，提高耐洗度。铬媒处理时一般采用后媒法较好，着色牢固。

染色时通常在染浴时加醋酸，使染料被毛纤维吸收完全或者说基本完全，再加媒染剂，这种方法对毛纤维有一定的损伤，染后手感不够滑爽，在还原剂中加入甲酸、乳酸等，可以减少对毛纤维的损伤。

2. 使用酸性媒介染料时应注意的事项 染色时使用软水为宜，水中不得含铜、铁离子，以免染料沉淀而产生色花。可在水中加入六偏磷酸钠软水剂 B 改善水质，用量为 0.2～0.5 克/升。

红矾是很好的媒染剂，用红矾作为媒染剂染色效果好。但由于铬的污染问题，用量应掌握在最低限量，且废水要经过妥善处理后才可排放。红矾用量控制在染料重的25%～50%。

酸性媒介染料色泽较暗，可以选择不受铬盐影响的、在酸性媒介染料的染浴中有较好上染率的弱酸性或中性染料拼色，使用时与酸性媒介染料同时加入。

用后媒法进行媒介染色，需要经过较长时间的铬媒处理后，才能充分发色，因此给仿色带来困难，易造成色差。故在打小样时一定要准确，工艺条件一定要严加控制。调整色光以补调酸性媒介染料为宜。

用于兔毛染色的主要是氯化铈等的混合稀土元素。它们对各种媒介染料的有效程度不同，用量也有差异，一般应占染料重的0.05%～0.2%。使用稀土元素后兔毛容易膨化，为避免膨化发生，染色温度可以降低，以提高染色速度和上色率，节省时间和能源。

(三)氧化染料　是毛皮的专用染料，是染料的中间体。染色时，这些中间体渗透到毛纤维中，经过氧化形成染料并牢固地结合在毛纤维上，使毛被着色。氧化染料具有染色温度低，成品色泽柔和、自然，能仿染水貂皮的优点。但染色工艺复杂，颜色牢固度差，且有毒性。

1. 氧化染料的性质　这类染料主要是苯或萘的胺类、酚类和氨基酚类衍生物，是芳香族染料的中间体，分子量较小，除个别要求先溶于乙醇外，大部分易溶于热水。在溶解状态下易渗透进毛纤维内。在介质温度为30℃、pH为8～8.5时，易氧化生成大分子的有色化合物，这种化合物不溶于热水、酒精和其他有机溶剂。氧化染料具有指示剂的作用，氧化产物的颜色随介质pH变化而变化。

2. 氧化染料结构对色泽的影响　氧化染料的结构对色泽有重要影响，如氨基衍生物对苯二胺的颜色最强，间位次之，邻位更差。苯的羟基衍生物在纯态下没有染色性能，但与胺或氨基酚结合使用时，就能使颜色改变或颜色加深，增加颜色对光的耐受性。

同时，具有氨基和羟基化合物的颜色特征更明显，颜色的饱和度比二胺类小。如果上述分子结构中再含硝基，则可获得黄色；如果加入氯，则颜色加深；如果有磺酸基存在时，颜色减弱；有甲基存在时颜色减弱；有甲氧基存在时颜色加深，且耐光性也增强。萘类染料主要显蓝色，其溶解度低。

（四）茜素染料 是蒽醌结构的酸性染料和少部分媒介染料的合称，具有蒽醌结构的可溶性染料既具有酸性媒介染料的性质，又具有酸性染料的性质。

茜素染料突出的优点是匀染性好，日晒牢固度和干、湿擦牢度强，耐高温，染色温度低，毛染率高，皮板几乎不上色。茜素染料具有媒染能力，在不同的媒染剂作用下，能改变色泽或提高染色牢固性。茜素染料无媒染剂时，染成黄色，加铝元素染色呈红色，加铁媒染时呈棕黑色，加亚铁媒染时呈深紫色，加铜媒染时呈黄棕色。

二、染色前的准备工作

（一）复鞣 复鞣的目的是使毛皮收缩温度提高至95℃以上，能适应酸性染料等在高温下染色的要求。如果使用甲醛复鞣，可使毛皮避免出现氧化褪色、烂板现象，这主要是利用了甲醛的抗氧化性质。复鞣还可以使皮板柔软、丰满、减少收缩，有利于起绒，使胶原纤维的电荷分布均匀，染色效果好，从而提高成品的质量。复鞣还能赋予成品皮以新的性质。

（二）脱脂 染色前脱脂主要是除去毛皮表面的油脂，有利于媒染剂和染料的渗透；中和毛中多余的酸，调节 pH，利于媒染和染色；破坏部分毛的鳞片层，以利于染料渗入毛内。

要不要在染色前进行脱脂，应根据毛被脂肪含量的多少来决定，一般兔皮染色前可以不进行脱脂，但有些兔皮或某些鞣制工艺会使毛被含脂量超过1.5%，这就需要进行脱脂。脱脂常将纯碱、氨水和表面活性剂（洗衣粉）结合使用，以增强脱脂去污能力。

酸是毛皮吸收染料和媒染剂的调节剂，毛皮中酸含量适中，而且分布均匀才能不影响媒染和染色，因此中和毛中过量的酸是非常必要的。

在酸性溶液中浸泡处理的毛皮，其中的蛋白质带正电荷，在染色时毛皮对铬盐大量吸收，而对铁盐吸收力降低，吸收量减少。经碱性溶液浸泡处理的毛皮，其中的蛋白质带负电荷，媒染时对铁盐吸收力加强，对铬盐的吸收力减弱，吸收量减少。用铜、铁做媒染时，碱处理就会降低染色强度。因此，在用铬盐媒染之后，不能进行碱处理。

经过酸处理的毛皮，直接用阴离子型染料染色，由于染料结合太快，会使染色不均匀，因此最好在染色前进行中和，以提高匀染性。用碱处理的毛皮，鳞片层受到部分破坏，有利于染料的渗透。在规定的浓度下使用纯碱和氨水净毛，不会对毛皮造成大的损害。

影响脱脂效果的因素有以下几方面。

一是材料的影响。碱性越强，脱脂能力就越强，故氢氧化钠的作用强于碳酸氢钠，碳酸氢钠又强于氨水。对所用碱的选择要根据毛被本身的性质而决定，毛被粗毛率高的，适宜用中强碱；毛被粗毛率低、柔软的，适宜用弱碱。氢氧化钠的脱脂能力最强，但对毛皮的损伤也最大，一般不单独使用，而是在其他碱液中适量加入，不但可减轻对皮毛的损伤，还有利于增强毛的光泽。碳酸氢钠脱脂效果也较好，只要配制适宜，不仅不损伤毛和皮板，而且不损伤毛的光泽。氨水的碱性虽然弱，但对毛被和皮板的作用都很温和，不损伤毛和皮板，是一种很好的脱脂剂。

用兔皮仿染某种皮的染色过程中，为了得到更好的染色效果，可采用氢氧化钠溶液涂擦毛被的方法进行净毛，同时还要加入3%～5%的过氧化氢，这样能在很大程度上增加碱的作用，使毛漂白。

二是碱液浓度的影响。碱液浓度小，达不到脱脂和中和的目的，染色时效果不佳；碱液浓度太大，会使毛皮受到损伤，影响成皮质量。因此，必须选择适宜的碱类，配制适宜的浓度。

毛皮对碱的吸收量取决于最初的浓度，当纯碱浓度达到 4 克/

升时，就能使毛皮饱和，浓度继续增加时，碱的吸收量逐渐增加。碱溶液的浓度也由毛皮的种类和性质来决定，对枪毛用涂刷的方法进行净毛的，浓度要高一些；用浸渍法浸泡净毛的，浓度要小一些。也可以将上述两种方法结合使用。通常用涂刷法时碱溶液配制的浓度为碳酸氢钠 15～30 克/升，22%氨水 50～70 毫升/升；用浸渍法时碱溶液配制的浓度为碳酸氢钠 1.6 克/升，22%氨水 3～10 毫升/升。

由于碱对皮板可能会有损伤，因此净毛时在碱溶液中常加入食盐，其浓度为 20～30 克/升，净毛时间在 2 小时以内。

三是脱脂温度的影响。温度对中和的影响不大，提高温度还可能损伤毛被。因此，温度常控制在 25℃～30℃。

四是脱脂时间的影响。一般应在 2 小时以内，以 0.5～1.5 小时为宜。

(三)媒染 媒染剂能明显提高染料的上色率，同时能使染色均匀、着色牢固，铜盐还能提高染料的耐光性。一种染料在不同的媒染剂作用下，能得到多种颜色(表 5-1)。常用的媒染剂有红矾、绿矾和蓝矾。

表 5-1 染料在不同媒染剂作用下的颜色变化

染料名称	不加媒染剂时的颜色	加媒染剂后的颜色		
		红 矾	绿 矾	蓝 矾
毛皮黑Ⅱ(对苯二胺)	棕紫色	深棕色	深棕色	黑 色
毛皮棕 T(间甲苯二胺)	黄棕色	浅棕色	黄棕色	深棕色
毛皮灰ⅡA(2,4 二氨基苯甲醚硫酸盐)	浅红灰色	灰棕色	灰红色	深棕色
毛皮灰棕 A(对氨基苯酚盐酸盐)	黄棕色	红棕色	灰棕色	深棕色
毛皮灰Ⅱ(二甲基对苯二胺盐酸盐)	浅红灰色	浅绿灰色	浅蓝灰色	橄榄灰色

续表 5-1

染料名称	不加媒染剂时的颜色	加媒染剂后的颜色		
		红 矾	绿 矾	蓝 矾
毛皮灰 A(对氨基二苯胺盐酸盐)	浅蓝灰色	浅绿灰色	灰 色	浅黄灰色
茜元素	黄 色	紫褐色	棕黑色	黄棕色

1. 红矾媒染 红矾是重铬酸钾和重铬酸钠的商品名，是毛皮染色中应用最为广泛的媒染剂。现将使用红矾作为媒染剂时的有关问题介绍如下。

(1)媒染过程中的影响因素

①时间 皮板、毛吸收红矾的速度比较快，前一个小时吸收量最大，以后逐渐减少，3 小时吸收量趋于平衡。毛吸收量比皮板多。

②浓度 毛皮对红矾的吸收量随溶液浓度升高而增加，但不一定成正比。其相对吸收量随着浓度的升高而降低，故浓度越高媒染剂利用率相对降低，所以浓度要适宜。适宜浓度为毛皮重量的 1.2%～1.5%，染液的 pH 为 4.25～4.75，浓度过高，毛皮吸收量达到 1.83%时色调发生改变；如果吸收量增加至 2.5%以上时，出现的现象称为过度铬化，即毛几乎不着色，枪毛比绒毛更明显。

过度铬化的毛如果用硫代硫酸钠溶液处理一下，也可正常染色。铬化不严重的毛皮，只要在染液中加入氨水，也可以正常染色。

③温度 氧化染料的媒染温度在 30℃左右时，红矾与毛结合比较牢固，如果温度超过 30℃，红矾被角蛋白还原，在毛上形成亚铬酸盐，使毛呈棕黄色。酸性媒染采用后媒染的方法，温度低于 60℃时反应缓慢，随着温度升高反应速度加快。为了使染色均匀，染液升温要缓慢，最后温度稳定在 70℃～80℃。

④液比 红矾吸收速度随液比的增加而增加，但利用率下降。

⑤毛皮的天然性质　不同品种的毛皮吸收红矾的量也不相同，枪毛比绒毛吸收量大，因此枪毛的染色一般较深，绒毛的染色较浅。用清水洗涤媒染过的毛皮时，有一部分红矾将被洗掉。水洗时间越长，水洗强度越大，洗下的红矾也越多。

(2)红矾媒染规程　用氧化染料染浅色时，媒染液中红矾的浓度不能超过 0.5～1 克/升；染棕色时，媒染液中红矾的浓度以 1～2 克/升为宜；染黑色时，媒染液中红矾的浓度应在 2～3 克/升。在个别情况下，为了染色均匀，可以在溶液中加入氨水来提高 pH，抑制毛对红矾的吸收。

染黑色时，媒染溶液中红矾的浓度要稍高一些，通常采用在染液中加酸的方法来加强媒染过程，通常是 1 克红矾用 0.35～0.5 克硫酸。媒染时间应控制在 3～6 小时。媒染过程中应不断搅拌，使毛皮媒染均匀。媒染后要用清水洗涤 15 分钟左右，用离心机甩干后就可以染色。媒染和染色之间的停留时间尽量缩短，因为毛上的红矾在光的作用下能被还原，时间长了会导致染色不均匀和染色不透现象。

2. 绿矾媒染　用绿矾媒染主要是获得灰色，但这种颜色耐光性不强。绿矾媒染的特点是枪毛吸收不多，所以染色时枪毛着色浅，在染需要枪毛不着色的色型时，可以用绿矾媒染。绿矾作媒染剂，不仅可起到媒染作用，而且还有催化剂的作用。用绿矾媒染时，浓度一般为 2～8 克/升，染灰色毛皮时为 2～3 克/升，染棕色毛皮时为 4～5 克/升。为了防止绿矾溶解时氧化，通常是将其溶解在 0.5～4 克/升的醋酸溶液中，然后定容。酸度不能过大，酸度过大时，绿矾的吸收量会明显下降。研究证明，毛对绿矾的吸收量与溶液的 pH 关系不大，只与加入的醋酸量有关，绿矾的吸收量与加入醋酸的量成反比。

媒染时溶液的温度不能超过 25℃，温度高了不但不能增加毛皮对绿矾的吸收量，反而会降低，媒染的时间应为 6～8 小时，绿矾主要在前 2 小时被吸收，以后吸收速度缓慢。

3. 蓝矾媒染　作为毛皮媒染剂的蓝矾只能在 pH 5.3 以下的酸性溶液中使用。蓝矾络合物可在 pH 较高的溶液中稳定存在。蓝矾媒染时，既是催化剂又是氧化剂，同时起到催化和氧化作用。

(1)媒染过程中的影响因素

①时间　毛和皮板吸收蓝矾的速度不同，毛对蓝矾吸收慢而均匀，皮板在最初的 1 小时内吸收力很强，以后逐渐减慢，但皮板比毛吸收量大。

②浓度　毛和皮板对蓝矾的吸收速度随其浓度的增加而增加，但吸收率却随浓度的增加而相对降低。

③温度　温度对皮板吸收量无太大影响，但对毛的吸收量影响较大。当温度升至 40℃以上时，毛对蓝矾的吸收量急剧增加。

④pH 的影响　pH 对毛和皮板吸收蓝矾的量有很大影响，pH 很低时，蓝矾几乎不被吸收；当 pH 大于 2 时，皮板和毛对蓝矾的吸收量则随着 pH 升高而增加。

⑤食盐　在有食盐存在的情况下，皮板和毛吸收的蓝矾量增加，并且随着食盐浓度的升高而增加。

蓝矾媒染后，要对毛皮进行清洗，经过 12 小时水洗，有部分蓝矾被洗掉，与皮板牢固结合的蓝矾占全部吸收量的 18.8%，与毛牢固结合的蓝矾占全部吸收量的 12.6%。

蓝矾媒染的优点是所染色调深，耐光度好。缺点是蓝矾会降低皮板质量，这是因为蓝矾的催化作用使过氧化氢的氧化作用加强，导致皮纤维的强度和弹性降低。蓝矾对皮板强度的影响取决于皮板对氧化作用的稳定性。皮板鞣制得越好，其对氧化作用的稳定性越大。

(2)蓝矾媒染规程　皮板最好用铬盐鞣制，收缩温度在78℃～80℃。媒染应保证毛吸收蓝矾的量最大，皮板吸收蓝矾的量最小，利用铜氨络合物可以达到这种要求。其配制方法如下：蓝矾 5 克，加入 25%氨水 15 毫升，用纯净水配成 1 000 毫升溶液。媒染温度应在 40℃～45℃。

(四)直毛　是指将染色前弯曲的毛伸直并进行固定的过程。直毛要经过一系列的热处理、化学处理和机械处理过程。通过处理,使普通、廉价的毛皮,变成稳定、富有光泽的毛皮,可提高其档次。

首先要进行毛的拉伸,即在外力的作用下,使角质蛋白纤维伸长,主链伸直,由螺旋态变为微弯态。在蒸汽热的作用下,纤维能比原来的长度伸长 1 倍左右,但是被伸直拉长的纤维不稳定,在失去外力时,会很快收缩恢复原状而缩短。在水蒸气中,如有酸、碱或还原剂存在,毛纤维更容易拉长。因此,可以将热处理、化学处理和机械处理结合起来。具体做法是:在水中加入 1%～2%的甲酸后湿润毛被,再用热烫机,温度控制在 130℃进行热烫,此时毛中的水分急剧蒸发,促使毛纤维结构趋于不稳定,使毛容易拉直。若在甲酸溶液中加入乙醇,效果更好。因为乙醇能增加蒸发速度和强度,还能渗透至毛的深部,以除去毛被上的污物。经过上述处理的毛被伸直,在干燥状态下稳定,但在潮湿状态下不稳定,还会恢复到弯曲状态。

为了提高拉直后毛的稳定性,应采取有效措施,消除毛的自发收缩和弯曲能力,并把纤维固定在伸直状态。要想把伸直的毛固定下来,必须在角质蛋白中形成新键,起到交联作用。目前固定用的物质主要是甲醛,固定方法是:将已拉直的毛被用甲醛溶液润湿后熨烫,使甲醛与角质蛋白在高温下发生不可逆反应,使毛固定在伸直状态。毛中结合的甲醛越多,则伸直状态越稳定。

在生产中,直毛可按如下顺序进行。

1. 第一次涂酸液　将甲酸、乙醇和水按 2∶3∶10 的比例配好,用硬毛刷刷在毛被上,要求酸液透入毛被的 2/3 处,不要透到皮板上,以免熨烫时皮板发生收缩。

2. 第一次熨烫　温度应控制在 150℃～170℃,温度低了效果不好。烫滚的压力不要过大或过小,过小时滚动速度快,拉伸力小,伸直效果差;过大时滚动速度慢,毛容易烫焦。

3. 第二次涂酸液 其要求与做法均与第一次涂酸液相同。

4. 第二次熨烫 过程与要求与第一次熨烫相同。

5. 挑选 把未充分伸直的毛皮挑出补充处理。

6. 第一次涂甲醛溶液 将甲醛、水、酒精、甲酸按 10∶10∶3∶2 的比例配好。涂刷的方法与涂酸液相同，涂好后毛面对毛面叠放 2～3 小时，之后再熨烫、剪毛。

7. 第二次涂甲醛溶液 与第一次涂甲醛溶液方法相同。

8. 挑选分级 已经处理好的皮张收起来分级存放。拉直还不充分的毛皮，按上述处理方法再次加工。

直毛可以在染色工序以前进行，也可以在染色工序之后进行。通常是如果要染浅色，则直毛工序在染色前进行；如果要染深色，则在染色前后进行都可以；当用氧化染料染色时，染色前后直毛都可以。

（五）漂白与褪色

1. 漂白与褪色的目的 家兔在生长发育过程中，其毛被常常被自身的排泄物及其他因素污染，使毛皮颜色非常难看，也影响染色后皮张的质量。所以，鞣制、染色之前的洗涤、漂白显得尤为重要。褪色可使皮张颜色一致，为后面的染色做准备。

2. 漂白与褪色的方法 漂白、褪色常用的方法有还原法和氧化法 2 种。

（1）还原法 即使用最久的硫黄熏蒸法。这种方法操作简单，但只能处理轻度污染的毛皮，且持久性差。具体做法是：将兔皮挂于熏蒸室内用硫黄燃烧产生的烟熏蒸 12～14 小时，然后再用碳酸氢钠、氨水或清水洗涤，以中和皮内的亚硫酸。

（2）氧化法 此法漂白的毛色白持久、品质好。常用的氧化剂有过氧化氢、高锰酸钾、过硫酸盐、过硼酸钠、红矾等。其中以过氧化氢最为常用，漂白效果最好。

氧化剂对毛皮有很大影响，因此在漂白以前要用甲醛鞣制或复鞣，漂白过程中还要用毛被保护剂如甘油等保护毛被。

三、染色方法

（一）划槽染色法 兔皮染色的主要设备是划槽，毛皮在染液中借助划槽内的机械作用，加速染料上色和匀染。划槽法染料用量大，但作用平和。其特点是在整个过程中可随时观察染色情况，便于控制；不易锈毛，染色均匀，生产效率高，但消耗水和材料量大。

（二）刷染法 即是将染料涂刷于毛上或皮板上，然后晾干或烘干，染料逐渐被毛纤维吸收。氧化染料适于使用刷染法。刷染法的特点是节约用水、染料和其他材料，适于单面染色，可满足印花等特殊的染色工艺。但生产效率低、劳动强度大，要求严格，容易产生色花、色差，且颜色牢固性差。

（三）浸染法 浸染法比较简单，就是将毛皮直接放在染料中进行染色。其最大特点就是可同时染多张皮，并且易于控制。生产中常把刷染法和浸染法结合起来，用刷染法来弥补浸染法没染到的部位，以节约染料。

（四）鼓染法 是将染液和待染兔皮按 1：2 的比例放在转鼓内，靠转鼓的转动使染液均匀地分布在兔皮上。这种染色方法是目前比较先进的方法，染色均匀、迅速，且能保持一定的温度。它也能与其他染色方法结合使用，仿染各种自然色彩，不足之处是容易产生锈毛等问题。

四、影响染色的因素

影响兔皮染色的因素较多，如染料的性质、毛皮的性质、染液的酸碱度以及染色的温度、时间等。

（一）染料性质对染色的影响 影响染色效果的关键因素是染料的质量，要使染色顺利进行，染出的兔皮质量好，所用的染料必须具备以下条件：有良好的溶解性，着色浓厚，均匀牢固；当 pH 改变或发生乳化作用时，染料的颜色不发生变化；染色应与工艺配套。

应掌握正确的拼色原则，配色的各种染料上色速度应接近，染料单色牢固性应接近，选用色样相似的染料作为基础染料，再用其他颜色进行适当调整。在拼色时，除了合理取色外，所取各色的色光要协调。要特别注意的是性质不同的染料避免拼色，使用染料的种类原则上是越少越方便。

染料的溶解度也直接影响染色效果。通常应将染料完全溶解后才能使用，这样有利于染色均匀。染料完全溶解后在使用前要用 2～3 层纱布过滤。染料若溶解不充分，可能会引起染色缺陷。

染料用量要根据染料本身的着色强度和皮张性质来确定，同一类染料由于着色强度不同，用量也不相同，染料着色强度大则用量小，强度小的则用量大。按毛皮质量计算染料用量时，应考虑到毛皮重量与面积之间的关系，在重量相同时，薄皮板面积大，染料用量要多些；厚皮板面积小，染料用量要少些。

染料的溶解方法对染色效果的影响也很大。酸性染料和直接染料可先用少量冷水或温水搅成糊状，然后加入 30～50 倍的热水(80℃以上)溶解。金属络合染料可先用水或乙醇直接溶解。X 型活性染料可先用少量冷水搅拌均匀，在室温下溶解，因为这种染料稳定性差，须随用随配。K 型活性染料可先用温水搅拌均匀，再用 70℃～80℃的热水溶解。

(二)毛皮性质对染色的影响　毛皮本身的性质对染色的质量也有一定的影响，所以染色前必须做好预处理才能最大限度地消除毛皮性质对染色的影响，如皮张要毛被清洁、无油渍、松散、灵活，无锈毛，毛被平齐，皮板的形状完好，破皮拼缝合理，皮板丰满、柔软、厚薄适度才能符合要求。

(三)染液 pH 对染色的影响　染液的 pH 对兔皮染色效果有重要影响，不仅可以改变毛皮所带的电荷，还能影响染料的渗透作用。不同的染料、不同的色型对染液 pH 的要求也不相同(表 5-2)。

表 5-2　常用染料染色对 pH 的要求

染料种类	对 pH 的要求
酸性染料	3～4
弱酸性染料	4～5
氧化染料	7.5～8
茜素染料	3～5
直接染料	7.5～8(皮板)
碱性染料	4～6
酸性媒介染料	2.5～4
酸性络合染料	3.5～5
中性染料	4～6
活性染料	3.8～4.2(毛被)
活性染料	7.5～8(皮板)

毛皮纤维蛋白经鞣制后等电点有差异，着色时要求染液的 pH 也不相同，利用调节染液 pH 的方法可以达到匀染的目的。例如，组成兔皮板的主要是胶原纤维，组成兔毛的是角质蛋白纤维，经鞣制和染色处理后两者的等电点各不相同，如经铬鞣后皮板的等电点为 8.7，毛被的等电点则为 5.6，如果用酸性染料染色，当 pH 小于 5.6 时，毛被易着色，而皮板不易着色；当将 pH 调整到 8.6 以上时，皮板易着色，而毛被不易着色。利用调整染液 pH 的方法，可以达到两种纤维等电点相同的目的，控制毛被和皮板的染色。

染色过程是染料扩散、毛皮纤维吸收染料、染料在皮毛纤维上固定的过程。染色初期染液 pH 要有利于染料扩散、渗透以及毛对染料的吸附，然后要将染液 pH 调至利于颜色固着和结合的水平。如用酸性染料染色，初期 pH 应控制在 4～5，然后逐渐调至 3～3.5，这样毛被染色均匀，色泽饱满。

另外，有些染料对 pH 敏感，在不同的 pH 条件下颜色也不同。如氧化染料对苯二胺，在 pH 为 9 时呈橙色，在 pH 为 8 时呈紫色，而在 pH 为 4.5 时呈棕色。pH 还能影响染料在纤维中的渗透和结合，渗透好则染色淡，表面结合好则着色深。

(四)温度对染色的影响　不同的染料有不同的适宜染色温度，毛皮也有自身的收缩温度，染液的温度应取决于染料适宜的染色温度和被染毛皮能承受的收缩温度。确定染液温度时，应以最适染色温度与皮毛收缩温度比较，取较低者作为染液温度。如用酸性染料染兔皮时，最高温度不应超过 80℃，因为尽管酸性染料最适染色温度为 100℃，但是铬鞣兔皮的收缩温度在 95℃左右，因此为了确保安全，染液温度应定在毛皮收缩温度以下。

(五)助剂对染色的影响　为了提高兔毛皮染色的均匀度和着色牢固性，常常在染液中添加一些助剂。助剂分为两大类，一类是匀染剂，另一类是固色剂。

1. 匀染剂　匀染剂又分为 2 类，一类对毛皮纤维有很好的亲和力，它先被纤维吸附而延缓染料上色。如用阴离子染料染色时，一般采用阴离子型匀染剂，这是因为表面活性剂阴离子比染料阴离子小，首先与皮纤维结合，占据了染料阴离子的结合空间，如果染料要与皮纤维结合，就必须取代表面活性剂，从而使染色速度减慢，达到匀色的目的。另一类匀染剂是非离子型表面活性剂，它们对染料有一定的亲和力，将这种表面活性剂加入染液中，它们能包围染料分子，与染料发生聚集而延缓染料与毛皮的结合作用，从而达到匀染目的。另外，铬鞣毛皮在染色前适当加入加脂剂，也能起到匀染作用。

2. 固色剂　固色剂的作用与匀染剂不同，它们主要是降低染料分子与毛纤维结合后的水溶性，使已结合的染料进一步固定。固色剂也是表面活性剂，所带电荷与染料电荷相反，能与染料形成沉淀，固着于毛纤维上。

(六)液比对染色的影响　液比大有利于染料的溶解和分散，易匀染，但染后色泽偏淡；液比小则着染性好。为了防止出现色花现象，兔皮染色应采用适宜的液比，避免造成染料浪费。一般划槽法染色时液比为10∶2～3。

(七)染色时间对染色的影响 染色时间主要由毛皮种类和所要染色的深度来决定,一般控制在 2~4 小时。染深色时,染色时间要长;染浅色时,染色时间要短。

(八)机械作用对染色的影响 机械作用能提高染色速度和染色均匀度。在染料投入后的一段时间内,要不停地搅动,搅动速度控制在 15~25 转/分,可避免色花。

五、兔皮染色实例

(一)仿貂皮染色技术

1. 脱脂 脱脂所用碱溶液为氨水配制。配制方法是:将水温调至 30℃~35℃,然后按 5 毫升/升的量加入氨水,搅拌均匀后,按每 6 升溶液浸泡 1 千克干兔皮的比例投入兔皮,搅拌 30 分钟,以后每隔 10 分钟搅拌 1 次,2 小时后取出兔皮,用清水冲洗 3 次,甩净皮上的水,毛面朝上晾干。

2. 媒染 媒染液的配制方法是:按待染兔皮干重的 5~6 倍量取净水,将水温调至 35℃,按 1 克/升用量称取红矾,用少许开水溶化,加入水中,然后每升媒染液加入醋酸 0.4 毫升,搅拌均匀后将脱脂晾干的兔皮投入媒染液中,不断地搅拌,3 小时后将兔皮捞出,用清水冲洗 2 次,然后甩干。

3. 染 色

(1)浸染 按 0.15 克/升乌苏尔 D、0.15 克/升乌苏尔 N 和 0.45 克/升乌苏尔 P 的用量称取染料,先用少许开水溶化后,双层纱布过滤,倒入备好的清水中,将水温调整至 37℃。盐基金黄块按 0.2 克/升的用量称取,也用开水溶化过滤后将滤液倒入染液中搅拌均匀,然后投入兔皮,快速搅拌 10 分钟后。按 0.75 毫升/升的用量量取 3%过氧化氢溶液,再取少许染液将其稀释,稀释液徐徐加入染液中,边加边搅拌,染色 1~2 小时,其间检查几次染色情况,如果已达到染色深度,应及时将兔皮捞出,以免染色过度。捞出的兔皮用清水冲洗 1~2 次,甩干后加脂过夜,而后干燥。再放入转鼓中与新鲜的阔叶树锯末、沙子一同转动 2 小时，取出甩干。

(2)喷色　乌苏尔 D 2 克/升，乌苏尔 P 2 克/升，焦性没食子酸 2.2 克/升，氨水 4 毫升/升，3%过氧化氢溶液 12 毫升/升。

将乌苏尔 D、乌苏尔 P 用开水溶化后倒入水中，将溶液温度调至 40℃，先加入氨水混合后，再加入 3%过氧化氢溶液搅拌均匀，即配成喷色液。将喷色液倒入喷枪中喷色。喷色时应注意将兔皮放平，以使喷色均匀一致。喷色后进行兔皮干燥，干燥后将兔皮与新鲜的阔叶树锯末、净沙一同放在转鼓中滚转 1 小时，之后脱灰，再喷色、再滚转脱灰，如此反复 3～4 次，最后一次滚转的时间延长至 2 小时。

(二)仿银灰鼠皮染色技术

1. 脱脂　洗衣粉 3 克/升、碳酸氢钠 0.5 克/升，配好后将溶液加温至 38℃～40℃，一边加温一边搅拌，待溶液搅拌均匀后投入鞣制后的熟兔皮，连续搅动 10 分钟，以后每隔 10 分钟左右搅动 1 次，40～60 分钟后将兔皮捞出，用清水冲洗干净，然后晾干皮张。

2. 染色　硫化氢 5 克/升，硫化钠 2.5 克/升，硫酸 2.5 毫升/升，先用少许开水将硫化氰和硫化钠溶化后倒入水中，搅拌均匀后加入硫酸，配制成染色液。将脱脂后的兔皮投入后快速搅拌 20 分钟即可出皮，出皮后的兔皮不用水洗，直接甩干即可。

3. 酸洗　用盐酸按 20 毫升/升用量配制酸性溶液，将溶液升温至 25℃，投入染色后的兔皮，不停地搅拌 10 分钟后捞出晾干。

4. 加脂　可选用以下 2 种方法对兔皮进行加脂。一种是按 1 份阴离子加脂剂加 16 份水的比例配制溶液，再按 0.5 毫升/升加入氨水，用热水将加脂剂乳化，均匀地刷到皮板上。然后皮面对皮面叠起来静置过夜即可。另一种方法是用 1 号合成加脂剂 40 克/升、C-125 乳化剂 5 克/升、氨水 2 毫升/升配成加脂液，使液温保持在 45℃，浸泡兔皮 1 小时。

(三)仿黄鼠狼皮染色技术

1. 脱脂　兔皮在硝面鞣制的基础上再进行铬鞣，铬鞣后捞出水洗数次，甩干后毛面向外晾干后进行脱脂。脱脂方法与仿制貂皮染色技术中的脱脂工艺相同，可参考前述相关内容。

2. 媒染　红矾按1克/升（先用少许开水溶化）用量配制溶液，将溶液温度升至40℃，按0.4毫升/升的用量加入醋酸，搅拌均匀，用棕刷将媒染液刷到毛皮上。根据所需颜色刷1～3次，刷完后毛面对毛面叠放堆起，放置16～24小时，使其充分氧化后晾干，再同新鲜锯末和纯净沙粒一起滚转1次，除去灰尘即可进入下一道工序。

3. 加脂　加脂方法与仿银灰鼠皮染色技术中的加脂工艺相同，可参阅前述相关内容。

(四)黑色兔皮染色技术

1. 脱脂　按乌苏尔D 4克/升、食盐20克/升、3%过氧化氢溶液4毫升/升配制脱脂液，配好后加温至45℃，浸泡兔皮16小时以上，取出后水洗2次，甩干。

2. 加脂　加脂剂150克/升配制加脂溶液，配好后溶液加温至40℃，投入兔皮浸泡过夜。

3. 染　色

(1)刷苯胺液

一液：苯胺液1 000毫升、盐酸1 000毫升、乌苏尔D 4克/升，清洁凉水5.6升。

二液：硫酸钠75克，氯化钠75克，氯化钾400克，清洁凉水7.4升。其中硫酸铜、氯化铵和氯化钾先用热水溶化，冷却后使用。

一液与二液按1∶1的比例现用现配。将配制好的溶液均匀涂刷于毛被表层，然后毛面对毛面叠起送至氧化室进行氧化。氧化室温度控制在40℃，空气相对湿度控制在90%，氧化时间为4小时。氧化后将皮板展开搭在木杆上，45℃左右条件下干燥。

(2)刷染　按乌苏尔D 15克/升、3%过氧化氢溶液15毫升/升配制染色液，然后将兔皮毛面向上平铺在案板上，用排笔蘸染液刷色，每次蘸的染液不要太多，以免流至皮板上。刷色后毛面对毛面叠放，放置4小时，然后自然干燥或烘干。然后再进行第二次刷染、叠放、干燥。

(3)洗皮　以皂角液或洗衣粉配制洗涤液，在洗皮机内转洗1小时，液温可以控制在45℃，清洗3次，甩干。同锯末一起置于转鼓中滚转2小时，以甩净水分。

4. 整修　将沾有锯末渣的兔毛梳开，有破口的地方缝好，不合格的兔皮挑出后再刷毛处理。将兔毛剪至1.5厘米长，将50毫升/升甘油溶液刷在毛被上，毛面对毛面整齐叠放过夜，然后用转笼甩干，整理入库。

(五)青紫蓝色兔皮染色技术　青紫蓝色皮毛色泽美观，很受毛皮爱好者的青睐，现将染色技术介绍如下。

1. 脱脂　碳酸氢钠1.6克/升，洗衣粉5克/升，22%氨水50毫升/升，配成脱脂液，温度控制在40℃左右，脱脂时间1～1.5小时。

2. 染色　无水硫酸钠粉5克/升，银光增白剂0.5克/升，毛皮匀染剂FM 1克/升，配成染液，搅拌均匀。将染液温度调至65℃～70℃后投皮。投皮后搅动20分钟，加科钠素F 4610染料3克/升，搅动2小时，加甲酸1毫升/升，再搅动30分钟，取出皮张后冲洗干净。随后按常规工序干燥、铲软，同锯末一同滚转，转笼甩干，钉板或绷板晾干。

3. 拔色　取毛皮拔色剂WA、甲酸和水按1∶3∶6的比例配制成拔色液。将拔色剂WA用前先用少许冷水化开后倒入水中，再慢慢加入甲酸，搅拌均匀。将拔色液喷或刷于毛尖，在70℃～75℃的蒸汽中停留15分钟，再在阳光下晾晒2小时。

4. 水洗　晾晒后的皮张用冷水冲洗10分钟，洗净毛被上残存的拔色液，避免残留的拔色液与喷脊时的染色液发生反应，使色光发生变化。然后甩水、干燥、整理。

5. 喷脊　青紫蓝兔皮毛绒短平，极其细密柔软，风吹呈现明显的波浪状，沿脊背线有一宽3.5～5厘米的深色条带，向两侧延伸，颜色逐渐变淡，边腹部呈银白色，腹部呈白色。在国外原皮每张售价在20～40美元，高出普通獭兔皮销售价格数倍。仿青紫蓝色皮毛的关键是形象逼真，首先底绒色要尽量与青紫蓝兔皮底绒颜色一致，这主要取决于染料和染色师的经验，其次是拔色要自然，不能过白，最后是所喷黑脊的形状要自然。

染色液配料为水1升，乙醇125毫升，科钠素F 5609毛尖染料90克，毛尖染色剂FR 20毫升，甲酸40毫升。将染料加入水中，升温使其完全溶解，再加入其他辅助材料，搅拌均匀。用喷枪将染色液喷于兔皮脊背部，在蒸汽房内汽蒸15分钟，取出晾干，洗去浮灰，干燥整理。

(六)仿“草上霜”染色技术 “草上霜”是深受消费者欢迎的、非常流行的一种花色。许多裘皮制品都采用具有“草上霜”效果的原料皮。目前，染制“草上霜”效果主要采用拔白法，即用能够被拔色的“草上霜”专用染料染色后，在毛尖上喷拔色剂，通过蒸汽熏蒸或日晒使其拔白。

1. 脱脂 每升水中加入食盐10克，搅拌使食盐溶解，随后将盐溶液加温至40℃，按10克/升的用量称取碳酸钠，用少许温水将其溶化后倒入盐溶液中，搅拌均匀后投皮，搅拌30分钟，以后每隔10分钟搅动1次，20小时后将皮捞出，水洗3次，甩干。

2. 浸醋酸铅 每升水中加入醋酸铅10克，混匀后将溶液加温至35℃，投入脱脂后的兔皮，连续搅动30分钟，以后每隔30分钟搅动1次，浸泡12～16小时后，取出兔皮甩干。

3. 浸酸 将水温调至20℃，每升水加入15克食盐搅拌，使其尽快溶解，然后每升水加10毫升硫酸和1毫升甘油，搅动使其混合均匀后投入兔皮，搅动1小时，使兔皮各部位都浸到酸性溶液后将兔皮取出，甩干。

4. 浸硫化碱 按10克/升用量称取硫化碱，用热水溶化后加入清水中，将溶液升温至30℃，缓慢加入3～5毫升/升的硫酸，搅拌均匀后投皮搅拌，15分钟后将兔皮捞出，用清水冲洗3～4次。

5. 刷铬鞣液 按三氧化铬4克/升、食盐100克/升、甘油20毫升/升用量配制铬鞣液，液温控制在35℃。用棕刷蘸取铬鞣液刷到皮板上，切记不能刷到毛被上。干燥后与干净锯末、净沙一同滚转 2 小时除尘。

6. 喷白 3%过氧化氢溶液 40～80 毫升/升，盐酸 4～8 毫升/升，溶液温度控制在 15℃～20℃。先将 3%过氧化氢溶液加入冷水中，再缓慢地加入盐酸，搅拌均匀后，装入喷枪中，把经过上述工序处理的兔皮平放在案板上，给毛被喷上配制好的喷白液，喷完干燥后再喷第二次，连喷 2～3 次。

(七)剪绒纺豹皮染色技术

1. 选皮 将已拔去枪毛、剪补拼缝、平展、毛绒稠密的纯白铬鞣皮张挑选出来组成剪绒生产批。

2. 剪毛 用剪毛机将皮张毛被剪至 10 毫米长，剪毛时要认真，把毛剪平、剪齐，不得有剪伤等。

3. 脱脂 洗衣粉 2 克/升，25%氨水 1 毫升/升，碳酸钠 0.5 克/升，润湿剂 JFC 0.2 毫升/升，将水温调至 40℃，加入上述原料，搅动使其混合均匀，投入兔皮。投皮后 20 分钟内不要搅动，使脱脂液浸泡均匀，以后每 30 分钟搅动 1～2 分钟，3 小时后出皮。出皮后水洗 3 次，离心甩干。

4. 染底色

(1)选择染料 染不同豹皮底色所用原料基本相同，但也有一定的差异，因原料种类多，故列表 5-3，供参考。

表 5-3 豹皮底色染色原料与用量

材料名称	艾叶豹	云南豹	美洲豹
乌苏尔 P(克/升)	0.02	0.04	0.02
乌苏尔 N2(克/升)	0.04	0.04	0.04
乌苏尔 4G(克/升)	0.02	—	0.02
乌苏尔 4R(克/升)	—	0.02	—
焦性没食子酸(克/升)	—	0.02	—
3%过氧化氢溶液(毫升/升)	0.1	0.2	0.1

染底色所用设备为划槽，按表 5-3 所列各种底色原料的用量配制底色染液，染液在划槽中升温至 40℃，投入待染兔皮，连续搅动，使染液充分渗入毛皮。染色时间为 1.5 小时，出皮后用清水洗 1～2 次，离心甩干。

(2)加脂　加脂剂选择阴离子加脂剂，按 1∶6 的比例加水，混匀后再加入 0.5 毫升/升的氨水。加脂液配好后均匀地刷在皮板上，然后皮面对皮面叠堆过夜。

(3)干燥　在阴凉通风处晾晒干燥。

(4)滚转　将染色、加脂后的兔皮放入转鼓中，加入无油脂的新鲜锯末，滚转 2 小时，除污洗毛和梳毛。

5. 刷染豹皮花色

(1)钉板　按先尾后头的顺序把皮板固定在平展的木板上，以便刷色。

(2)豹花染液的配制　基础染料依然是染底色的材料，因色型不同用量有一定差异，现将各种染料的用量列于表 5-4，供参考。

表 5-4　刷染豹皮花色所用染料及用量

材料名称	艾叶豹	云南豹	美洲豹
乌苏尔 P(克/升)	—	2	4
乌苏尔 N2(克/升)	2.5	1	5
乌苏尔 4R(克/升)	—	1.8	0.5
焦性没食子酸(克/升)	1.6	2	—
乌苏尔 4G(克/升)	0.1	—	—
乌苏尔 D(克/升)	—	—	0.6
乌苏尔 2R(克/升)	—	0.5	4
3%过氧化氢溶液(毫升/升)	4	0.5	15
20%的氨水(毫升/升)	0.5	—	1.5

按表 5-4 中所列材料与用量按要求配制成刷染液，均匀地涂刷在皮板上，干燥后进行下一道工序。

6. 刷染黑花

(1)刷染液配制　黑色染液由多种染料配制而成，具体配制材料及用量见表 5-5。

表 5-5　黑花染色材料及用量

材料名称	艾叶豹	云南豹	美洲豹
乌苏尔 N2(克/升)	20	20	20
乌苏尔 DB(克/升)	—	—	2
乌苏尔 D(克/升)	20	20	20
3%过氧化氢溶液(毫升/升)	40	40	42
20%氨水(毫升/升)	2	2	2

按照表 5-5 中所列的染色材料和用量配制黑色染液，将配制好的染液刷于皮板上，干燥后收起进行下道工序。

(2)滚转　与新鲜、干净的锯末一同滚转 2 小时，再放入转笼离心甩干 1 小时，梳顺毛被。

(3)喷黑脊　按乌苏尔 N2 5 克/升、乌苏尔 4G 0.2 克/升、焦性没食子酸 3.2 毫升/升、3%过氧化氢溶液 8 毫升/升的用量配制染液，将染液均匀地喷于兔皮背中央，宽 5～7 厘米，从背中央至两侧颜色由深到浅，喷后晾干。

第八节　成品兔皮的质量鉴定

一、质量鉴定方法

兔皮经过鞣制、染色已经成为制裘的半成品，皮张好、鞣制好、染色好的兔皮可以生产高档兔裘皮服装。品质稍差的兔皮，经鞣制、染色和剪绒，可以由低档皮改造成中档皮，提高其利用价值。因此，兔皮加工后的质量鉴定非常重要。其鉴定方法有以下几种。

(一)感官鉴定 主要通过看、闻、摸等方法判断皮张品质优劣。例如，看毛色是否纯正、有无粉尘，是否丰满、完整，毛被是否有松散性和灵活性；闻有无不正常气味；摸皮板软硬，有无弹性，有无延伸性和可塑性等。

感官鉴定常用术语如下。

皮板：柔软、丰满、身骨好、平展、洁净、无油腻感、裂面、硬板、癣疥、痘疤、油板、硬边、边渣、均匀、翻面、描刀伤、裂浆等。

毛被：整齐、灵活、松散、弹性、光泽、颜色、美观、大方、黏毛、锈毛、无灰、无异味、无油腻感、匀针、口松、溜针、毛污色花等。

(二)力学性能测定

1. 皮板伸长率 包括单位负荷伸长率和永久伸长率。前者是指毛皮在拉力机上承受5兆帕拉力时增加的长度与原皮长度的百分率；外力消除后，在空气中放置30分钟后的长度比原皮增加的长度为永久性伸长率。永久性伸长率越大，毛皮可塑性越好，毛皮出材率越大。

皮纤维在外力作用下，向着外力方向伸长，当外力消除后，能够恢复的伸长称为弹性变形，不能恢复的伸长称为永久性变形，两者均为皮板的重要性质。

2. 抗张强度 是指毛皮在拉力机上拉断时，单位横切面积所能承受的最大拉力，是表示毛皮坚固度的指标之一。毛皮的抗张强度主要是由皮板内的皮纤维数量、粗细、强度以及编织情况来决定的。如沿纤维方向拉伸，则抗张强度较大；沿垂直或与纤维方向成一定角度的方向拉伸，则抗张强度小。毛皮的抗断裂负荷表示同样宽度毛皮拉断时的负荷。兔皮的抗张强度和断裂负荷都很大。

3. 耐热性 鞣制好的成品兔皮中，由于含水量不同，其耐热性差别也很大。如铬鞣的干皮比湿皮耐热性高得多。皮的耐热性用收缩温度和湿热稳定性来表示。

(1)收缩温度　皮在水中受热到一定温度，皮纤维会沿纵向收缩，长度变短、直径变粗，皮开始胶质化，这时的温度称为收缩温度。皮收缩后弹性降低，主要是由胶原分子间的化学键受到破坏所引起。收缩温度与鞣制方法有关，兔皮生皮收缩温度为59℃～68℃，油鞣皮的收缩温度为55℃～70℃，甲醛鞣皮的收缩温度为70℃～90℃，铬鞣皮的收缩温度为90℃～120℃，铝鞣皮收缩温度为70℃～75℃。收缩温度高表明鞣制效果好，反之表明鞣制效果不佳。

(2)湿热稳定性　成品皮制裘后在穿用过程中受湿热的作用，皮中的游离酸和与皮纤维结合的酸水解，引起胶原纤维的破坏，空气中的氧加速了这种作用的发生。贮存的成品皮或裘皮服装也会因为空气温度和湿度的变化而受到破坏。成品皮湿热稳定性的检测方法是：取2组同样的皮样，一组在水中浸泡18小时，用滤纸轻轻吸干其表面水分，测定它们的抗张强度；另一组先在水中浸泡1小时，再在50℃的水蒸气中放置4小时，再在温水中浸泡30分钟，测其抗张强度。以第二组的抗张强度与第一组的比值表示湿热稳定性。铬鞣皮的湿热稳定性最好，甲醛鞣、铝鞣皮次之。

4. 柔软度　皮板的柔软度是反映毛皮产品质量的重要指标，目前没有测定皮板柔软度的设备、方法和标准，全凭感官和经验来鉴定。常用术语有绵软、柔软、软、硬、僵硬等。

5. 色坚牢度　此项指标是反映毛皮经染色后，抵抗外界作用而保持原色的能力。皮色的坚牢度包括耐日晒、耐水洗、耐酸碱、耐汗渍、耐摩擦等，其中以耐日晒、耐干湿擦坚牢度最重要。

6. 稠密度　是针对毛被而言的，稠密度不仅决定毛皮外观，而且决定其穿用性和保暖性。不同个体的毛被稠密度不同，同一个体不同部位的稠密度也不相同。一般来说，獭兔毛被稠密度为18 000～38 000根/厘米^2，后背部毛的稠密度最大，其次是前背部、两侧部，而颈背部、腹部较差。在生产中黏毛梳开后，毛被的稠密度降低，皮板收缩后毛被的稠密度增加。

7. 耐磨性 毛被耐磨性的测定包括耐磨度和弯曲强度的测定。毛皮耐磨度的测定是模拟毛皮穿用条件进行，即切取皮样、称重，然后放在测试装置上，与摩擦材料摩擦，在一定强度和时间内进行，试验结束后称重，按皮样重量的损失来评定皮的坚固性和耐磨度。

8. 保温性 毛皮保温性的优劣，是由毛与毛之间保留的不流动空气层厚度决定的。毛越细、越长、越稠密，则保温性越好。

9. 透气性与透水汽性 各种毛皮的透气性是有差别的，皮纤维的情况对其渗透性影响最大，纤维松散的皮透气性好，纤维致密的皮透气性差。加脂能降低透气性。

透水汽性是指毛皮让湿度较大的空气透过的能力。透水汽性好的毛皮，排汗能力好。透水汽性与透气性有密切联系，透气性高的透水汽性也高，透气性不好的透水汽性也差。

(三)化学鉴定

1. 挥发性 由于兔皮板具有多孔性，也就具有吸湿性，毛皮内挥发物绝大部分是水分。在空气湿度大的时候，皮板可以吸收一定的水汽，皮板内湿度也相对增加；待空气干燥的时候，皮内水分大于空气中的水分，水分又会从皮板中排出。松散的皮板吸湿性大、挥发性也大；致密的皮板吸湿性和挥发性均小。

2. 二氯甲烷提取物 为油脂类物质，毛皮中的二氯甲烷提取物来自 2 个方面，一是毛皮本身的油脂没有完全清除，二是加脂时添加的油脂。原皮中没有清除的油脂多半还存在于脂肪细胞内，所以起不到润滑皮纤维的作用，而加脂时添加的油脂存在于皮纤维之间，能起到润滑作用。成品皮中油脂的含量要求达到 6%～12%。油脂量过高增加了毛皮的重量，显出油腻感，毛被易黏结、玷污、不松散，着色不均匀；油脂含量低，皮板的柔软性、防水性就差，抗张强度会降低，被毛干枯、无光泽、易断。

3. 灰分 这一部分物质是指毛皮经高温燃烧后留下的成分，

主要是矿物质。生皮所含矿物质少，但经过一系列的加工后，由外面加入大量的矿物质，使成品皮中矿物质成分增加。灰分的含量与毛皮成品的质量没有明显的因果关系，只是用来检查工艺中的操作是否正确。

4. pH 成品皮呈微酸性，皮内的酸有自由态和结合态2种。成品皮的pH通常为3.8～6。毛皮内含酸量过大，贮藏时皮纤维会遭到破坏，降低皮板的坚牢度。

5. 结合鞣质 毛皮在鞣制时，与纤维蛋白发生化学结合的鞣质，除了甲醛外，有机鞣质的含量都不能直接测定。铬鞣皮中铬的含量以三氧化二铬的形式表示，毛皮成品中含铬量要求在2%以上。

(四)显微结构鉴定 兔毛和皮板的结构在鞣制、染色加工过程中会发生变化，用显微镜检查毛和皮板结构，会发现其结构的变化，以此鉴定毛皮的质量。在显微镜下观察兔皮横切面，通过纤维束编织的紧密度和分散度，可以知道毛的鳞片在加工过程中的变化和染色情况，有利于进一步控制毛皮的质量。

二、成品兔皮的缺陷种类

(一)毛被缺陷

1. 掉毛 兔皮在鞣制或染色时，常因浸水温度过高、换水周期长、防腐不到位、软化时酶用量超标、碱性材料处理过度等，引起成品皮掉毛。

2. 结毛 是指一片兔毛相互交织缠结在一起，形成块状、片状、毡状、疙瘩状结块。兔皮在初加工时没有将毛被中的脱毛、杂质除尽，以至在后段操作中在机械作用下形成结毛。另外，转鼓、划槽转速过大、转动时间过长、液比过小、脱脂不净或滚转时锯末湿度大等都会造成兔毛缠结。

3. 勾毛 兔皮在加工过程中受碱、氧化剂、还原剂处理过度，毛经氧化后受到强光作用，熨烫时温度过高，剪毛时刀钝等，都能引起毛尖弯曲形成勾毛。

4. 毛被干枯 是指兔皮加工后毛被手感干枯、粗糙、发黄、缺乏光泽和柔软性。造成毛被干枯的原因主要在加工时受碱性物质损伤或脱脂过度,另外在加工过程中毛受氧化剂、还原剂的剧烈作用,熨烫时温度过高等,也能造成毛被干枯。

5. 发黏 由于毛皮脱脂不净,毛被不松散,毛尖不灵活,导致毛被发黏。

6. 出现色花 兔毛皮在染色后毛被颜色深浅不一,主要是由染色时液比过小或翻动次数少着色不均,或染料未完全溶解、脱脂不净等造成。

7. 毛色发暗 染料配比不当,毛被油脂过多、沾有油污或脱脂不完全,毛表面形成铬皂或铝皂等,都能造成毛色发暗。

(二)皮板缺陷

1. 硬板 毛皮虽然经过鞣制,但皮板仍发硬,这是兔皮成品最大的缺陷。产生的原因是鞣制没有到位,皮纤维没有得到充分分离。如老皮板、陈皮板、瘦皮板以及油脂含量少、纤维编织紧密的皮板容易产生硬板。皮板上的膜未除尽也会造成硬板。

2. 贴板 兔皮经过鞣制干燥后,皮纤维仍粘贴在一起,皮板发黑、发黄、干薄僵硬。原因是鞣质与皮结合不牢,产生不同程度的脱鞣现象。如低碱度的铬鞣不耐水洗,低 pH 的甲醛鞣结合不良,经过酸洗、碱洗产生脱鞣。

3. 缩板 鞣制时某些环节没控制好,皮板剧烈收缩、发硬、缺乏延伸性。如浸酸温度过高,皮纤维发生收缩;甲醛鞣没到位,经酸洗产生膨胀;甲醛鞣时碱性膨胀未消除;在染色过程中鞣制不良,受热收缩。

4. 糟板 即皮板抗张强度很小,失去纤维强度,无加工利用价值。造成糟板的原因很多,比如硝面鞣制时长期受潮;皮板油脂没有脱干净,板内油脂酸败、氧化腐蚀皮纤维;在浸酸软化过程中由于温度、浸泡浓度过高,浸泡时间过长,使皮纤维遭到严重破坏;甲醛鞣时 pH 过高、甲醛用量过大,使皮纤维强度降低;铬鞣皮在氧化剂强烈作用下同样会使皮板抗张强度大大降低，使皮板极易撕破。

5. 花板 皮板颜色不一致出现花块，主要由鞣制时翻动不够、鞣质分布不均匀所造成。

6. 反硝 即在皮板表面上有一层结晶物，使皮板变得粗糙、沉重，吸水性强。预防反硝的措施是在鞣制后进行水洗除去皮张上的中性盐。

7. 油板 即皮板油脂含量过高，多因鞣制前脱脂不够，导致鞣制后皮板发硬，成品油脂含量超标。

8. 裂面 兔皮鞣制干燥后，用手拉紧皮板，以指甲顶划绷紧板面时会有轻微裂缝者即称为裂面。产生裂面有以下几方面原因：皮板因保存不当导致品质不良；浸酸软化时皮脂损失过多，造成网状层过于松散，乳头层承受不了过大的拉力而断裂；表皮层和乳头层没有鞣透。

第九节 成品兔皮的包装、运输和保存

一、包 装

经鞣制、染色后的成品兔皮，根据毛皮类别、鞣制方法分别进行包装。包装时每箱或每包应规定数量，皮张毛面对毛面、皮面对皮面逐张叠放装入包装材料中。外包装材料可以用纸箱，也可以用麻袋、麻布，但其内要衬牛皮纸或防潮纸，装箱、装袋后用绳捆牢。

二、运 输

运输工具必须干燥、卫生，做到防雨、防潮、防晒。禁止与易引起污染的物质混合装运。

三、保 存

(一)入库前检查 成品皮入库前要详细核准数量、类别，检查

是否有发霉、受潮、虫蛀等现象。发现与报送数量、质量不符的，应及时处理。

(二)按皮路存放 成品入库时要按用途分架存放，如领子路放在一架、裘皮路放在另一架，以便于寻找。皮张在库房码放时应注意以下几点：距地面30～50厘米，距房顶天花板100厘米以上，距墙壁50厘米以上，距库房内的柱子20～30厘米，垛与垛之间相隔30厘米以上，距灯泡100厘米以上。

(三)成品库建设条件 背风向阳、地势高、排水性好，正常情况下通风干燥。要求存放皮张的地方不能有阳光直射，最好有调温、调湿设备。库内温度控制在10℃以下，空气相对湿度控制在40%～60%。当库温低至－20℃～－30℃、空气相对湿度达40%～70%时，也可以存放，但存放时间不能超过6个月。

(四)成品库的管理 在兔皮保存期间要注意防虫蛀，同时做好库房的杀虫工作；根据气候变化及库房内外温、湿度的变化，适时做好通风换气、散热驱潮、翻垛晾皮工作，确保存放期间不出现成品皮变质情况。

生皮与成品皮必须分开存放，同时库内不能存放易燃、易爆、易腐蚀物品和易污染材料等。

库房要做好记录，记录所存的毛皮成品规格、等级、数量、收货日期、发货数量、当时结存量以及库房内温度、湿度及翻垛日期、其他特殊事件等。

第六章　兔粪的加工和利用

兔粪中氮、磷、钾的含量比其他动物的粪便都高，是动物粪中肥效最高的有机肥。兔粪经过发酵腐熟可以饲养蚯蚓，也可以代替部分猪饲料，降低养猪成本。

第一节　兔粪肥料加工技术

兔粪是高效的有机肥，其中氮、磷、钾的含量与其他畜禽类粪便相比均较高(表 6-1)。

表 6-1　各种畜禽粪便的主要成分　(%)

项　目	水　分	氮	磷	钾
兔　粪	36.4	1.4	1.8	0.5
牛　粪	75.25	0.426	0.29	0.44
羊　粪	59.52	0.768	0.291	0.591
马　粪	48.69	0.49	0.26	0.28
猪　粪	74.13	0.84	0.39	0.32
鸡　粪	56	1.43	1.34	0.55
鸭　粪	63	1	1.3	0.43

据测定，100 千克兔粪尿相当于 10.85 千克硫酸铵、10.09 千克过磷酸钙、1.79 千克硫酸钾、500 千克人粪尿、1 000 千克猪粪尿的肥效。通常 1 只成年兔每年可积肥 100 千克，10 只成年兔 1 年积 1 000 千克肥，相当于 1 头猪的积肥量，但比 1 头猪的积肥肥效高 10 倍。每只兔平均每天可排粪 150 克，60 只兔养至 4 月龄就

能积1000千克粪肥，能解决667米^{2}农田的有机肥需要量。试验研究证明，农田施用兔粪尿，小麦可增产30%，早稻可增产28%，晚稻可增产18%，玉米可增产20%左右，油菜、芝麻、花生等经济作物也都有不同程度的增产。兔粪尿施于果园、茶园、林园、菜园，植物长势都很好。

兔粪作为基肥施于土壤中，对地下害虫、地上害虫都有杀灭效果。经调查研究，施用兔粪的地块，蝼蛄、红蜘蛛、黏虫发生率大大降低。棉花地施用兔粪，地老虎的发生率也大为降低。鱼塘施用兔粪，可以提高水的肥力，促进浮游生物的繁殖，增加鱼的饵料，提高鱼的产量。

兔粪即使新鲜施用，其中的钾、磷和氨也能被植物吸收利用，但粪中的蛋白质等大分子物质需要经过发酵腐熟后转化成氨或铵，植物才能吸收。因此，兔粪在施用前最好进行堆积发酵，发酵不仅能分解大分子物质使之变成能被植物吸收的小分子物质，提高肥效，而且发酵发热可以杀死兔粪中的病菌、虫卵和寄生虫等。

第二节 兔粪养殖蚯蚓技术

蚯蚓干制后被称为地龙，有消肿、止痛的功效，能治疗烧伤和烫伤，目前从蚯蚓体内提取的蚓激酶，对治疗心血管疾病有明显的效果。

饲养蚯蚓时，在没有引种以前要用兔粪制备基料，其制备方法是：兔粪60%，草料40%。草料可用稻草、麦秸、杂草、树叶等。用于养殖蚯蚓的兔粪可以先晒干、拍碎，然后与草料一起堆积发酵。堆积发酵时，草料可以铡成3～4厘米长的段，堆制时将草和兔粪分层铺，先铺一层草料，然后铺一层粪料，交替铺3～5层后，向料堆上洒水，直到水从料堆底部边缘渗出为止。料堆形状和大小可视具体情况而定。

料堆堆积后第二天即开始升温，4～5天后堆内温度可升至

60℃以上，1 周后翻堆重新堆制，把粪料抖松和草料拌均匀，料堆发干时，可再洒些水。1 周后再翻 1 次，10 天左右检查时，若无酸臭味和其他刺鼻异味，证明草料已经腐烂，则可以打开料堆，让其散发有毒气体，调制好温度，用 pH 试纸检测料堆的 pH，达到 5.5～7.5 时就可以使用。

使用时为了稳妥起见，可用 20～30 条蚯蚓进行小区试验，如果放在料堆上的蚯蚓很快进入料堆，说明基料发酵成功，可以大量投入蚓种；如果投入料堆的蚯蚓不进入料堆，或进入料堆的第二天发生死亡、逃逸、身体萎缩或肿胀等，则料堆不能使用。

蚯蚓是变温动物，其活动适宜温度为 5℃～30℃，最适温度为 20℃～25℃；28℃～30℃时还能生长，32℃以上时则停止生长，40℃以上时停止活动，不吃不动；10℃以下时活动迟钝，0℃以下时处于休眠状态。蚯蚓的繁殖与基料中的温度有很大关系，温度升高产卵量随之增加，温度降低则产卵量减少。低于 7℃或高于 32℃时停止产卵，以 25℃时产卵、生长速度、孵化率最高，所以夏季应设遮阳棚。

蚯蚓为喜温性动物，赤子爱胜蚓在温度适宜时，其饲料含水量以 65%为最佳，高于 70%或低于 60%时均对其生长不利。卵茧生产时湿度以 70%为最佳，料床含水量降至 40%时，蚯蚓体内严重失水，萎缩呈半休眠状态，有的甚至会死亡，卵茧呈干瘪状态。因此，要特别注意料床的湿度。

第三节　兔粪养猪技术

一、兔粪的处理

将清出的兔粪摊在晒场上晒干，用铁锨将其拍碎，反复翻晒，通过高温和紫外线杀死兔粪中的细菌、虫卵和病毒等，然后过筛清除兔毛和其他杂质备用。

二、饲料配方

干兔粪 64.4%，玉米粉 10%，炒黄豆粉 5%，麦麸 10%，食盐 0.5%，混合精饲料 10%，另加鱼腥香 0.05%，化十香味素 0.05%。添加鱼腥香和化十香味素能掩盖兔粪的异味，提高适口性，增加采食量；配方中的炒黄豆可以用黄豆饼或花生饼来代替。

三、饲喂方法

（一）定时定量 每天饲喂 4 次，每次投喂的时间相对固定，做到少量多次，定时定量，使猪的肠胃中经常有饲料。

（二）定时驱虫 每月用左旋咪唑驱虫 1 次，每千克体重 25 毫克，投驱虫药前 12 小时停止喂料。

第七章　兔产品加工设备

第一节　兔肉制品加工设备

一、屠宰设备

(一)手工屠宰剥皮设备

1. 屠宰操作架　小型兔肉加工厂为了节省成本,往往不采用流水作业的方法,而采用手工宰杀剥皮的方法,这时就需要用到屠宰操作架(图 7-1)。

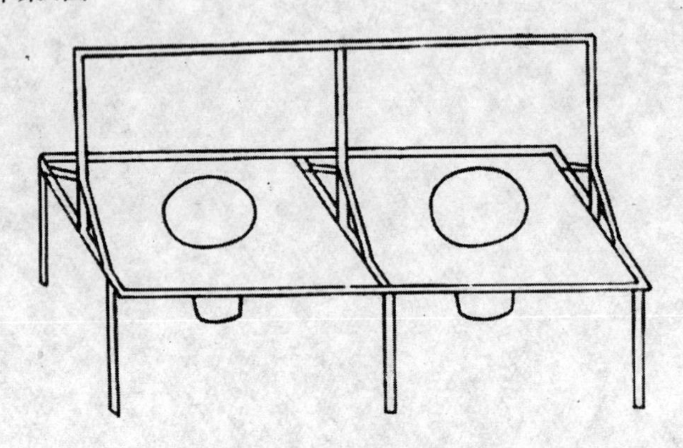

图 7-1　屠宰操作架

屠宰操作架的总高度为 180 厘米,架的下半部为不锈钢案板,宽 60 厘米,长 100 厘米,高 70 厘米,每 2 个连在一起,便于搬运摆放,每个生产作坊设置的数量以日宰杀量定。1 名熟练的宰杀工 1 小时可以处理 12～15 只活兔,日屠宰 500 只以下的小生产厂配备

5个操作架即可。案板中间开一个直径30厘米的圆孔，下面做成漏斗形，屠宰时漏斗下面放一盛接血污或内脏的容器。案板上放置宰杀用的工具，使用起来非常方便。案板两端的中部搭起支架，其上部横杆是用来吊挂活兔的。

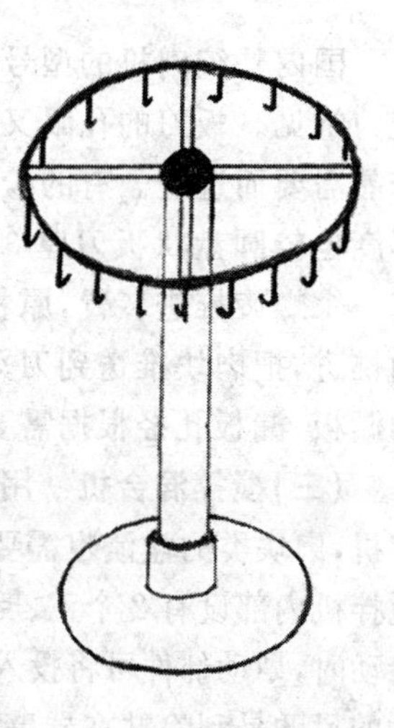

图7-2　圆盘屠宰操作架

2. 圆盘屠宰操作架　吊挂活兔的圆盘直径100～120厘米，用钢管或木材制成(图7-2)。

圆盘周边焊上钢制挂钩，钩柄长20～30厘米，钩长2厘米左右。圆盘支柱高度根据宰杀人员的身高而定，通常为180～200厘米。支柱底部装有滚珠，使圆盘式屠宰操作架能够转动。屠宰时将活兔的一条腿挂在钩上，宰杀人员可以不动，宰完一只后转动圆盘，将下一只待宰活兔转到宰杀人员面前，使用起来非常方便。

(二)自动流水作业操作线　目前大型兔肉加工厂宰杀剥皮、去内脏等工序均为流水作业，这种作业形式每天宰杀量可达数千只至上万只以上，小型生产无法使用。

二、半成品加工设备

(一)切肉机　使用已非常普遍，生产厂家很多，型号也很多。其功能是将肉类切成块状、片状、条状等，是肉类加工必不可少的机械。目前国内生产的切肉机有上下复切的，也有固定多刀旋转切的，可以根据生产需要选购。

(二)绞肉机　凡是生产灌肠类产品的厂家，必须配备绞肉机。它的作用是把肉块绞成碎肉，同其他辅料混合在一起，制成各种不同风味的馅料。

国内外绞肉机的型号很多，但以多孔眼圆盘状板刀的绞肉机较为常见。板刀的孔眼又有锥形和直孔之分，孔眼直径可以根据产品需要而选定。有的绞刀则是“十”字形的，其刀刃宽而刀背窄，厚度也较圆盘状板刀厚3～5倍，但不管是哪种绞肉机，其内部都有一个螺旋推进装置，原料从进料口投入后通过螺旋推进装置向内推进，把肉块推送到刀刃处进行绞制。绞刀的外面还有一多孔的漏板，漏板孔径根据需要而选定。

（三）搅拌混合机 用途很广，不仅肉馅类的原辅料混合需要搅拌机，肉块类的盐渍也需要搅拌机，是搅拌、混合不可缺少的设备。搅拌机内部设有2个正、反方向旋转、形似船桨形的划动部件，机械转动时，划动部件可将投入的肉料搅拌混合均匀。划动部件向后推动的目的是刮除贴在器壁上的肉屑，使肉屑回到搅拌混合的中心。搅拌混合机的出料口大都设置在罐体的下方或斜下方。

真空搅拌机除了具备一般搅拌机的功能外，因其是在真空条件下搅拌，故有利于减缓蛋白质的分解，使微生物处于相对稳定状态，防止脂肪氧化，加速肉馅乳化，使肉馅具有更好的黏结性、保水性，从而提高产品品质。这种搅拌机由机体、搅拌缸、摆动油缸、液压装置、压紧轮、电气控制等部件构成。搅拌机的转停、翻缸复位和机盖开闭均由液压电气控制，并用电磁阀控制真空系统。搅拌时可设定搅拌时间，到时自动停机。还设有紧急停机、点动搅拌、复位、中间停止等按钮，操作非常方便。机盖设有安全保险装置，保证在翻缸和复位时，不会因操作失误而发生事故。

（四）斩拌机 是兔肉肠类制品加工中不可缺少的，其作用是将原料肉切割剁碎成肉糜，并同时将剁碎的原料肉与添加的各种辅料相混合，使之成为达到工艺要求的原料。这种机器都设有变速装置，内部还装有液压控制的喷射器，能使搅拌的原料顺利地从搅拌罐中排出。

有的斩拌机上还附设抽真空设备，这是为了适应生产灌肠必须排出的原料中所含的空气而设立的。这种机械操作非常方便，使用前新鲜肉或冷冻肉都先加工成小肉块，然后经称重，借助自动升降设施把原料投入斩拌机的盘形容器。机械开动后原料就在搅拌盘中作螺旋式转动，盘体内的刀具是特制的，根据所需肉糜粒的大小，刀片数可在2～6片之间调动。机器还附加电子计算机控水系统，可精确地控制水分。使用这种机器可以保证肉糜与辅料的充分混合和乳化质量。

（五）乳化机 生产兔肉灌肠制品时，必须进行乳化，乳化机就是把绞碎的原料肉送进乳化机头里，在真空条件下，由于转子的高速旋转，促使原料肉进行乳化，形成乳化肉糜。通常乳化机是与绞肉机连在一起使用，经乳化的原料肉能较好地利用脂肪，使蛋白质和水将脂肪包围起来，防止产品中的脂肪表面化，使产品具有较好的黏度与弹性，适用于多种脂类制品的制作。

（六）灌肠机 也称充填机，种类很多，大体上分为2种类型，即泵式灌肠机与活塞式灌肠机。国内目前多使用转子灌肠机，这种灌肠机属于泵式灌肠机。其上方是方形漏斗状进料口，进料口以下共有3层6根对流通轴，这3层的安装从断面上看为扇形。上层2根对转的最大宽度与进料口下部宽度相等，越往下间隙越小，3对对转轴有2层4根安装在机身上的U形管上，即为2个灌肠口，每根管口前都有一个控制阀，当控制阀关闭后，可往管口上套肠衣，当肠衣套好后将U形管旋转至对侧灌肠，而对侧已经灌完的管口恰好又转过来继续套肠衣。这种转子灌肠机的特点是可以连续作业，上料口可均匀送料，连续灌装。

液压灌肠机是利用液压系统为驱动，把料缸活塞与油缸活塞杆连在一起，同步动作，进、出料口均设在本机上部的机盖上，上料时打开盖，搬动换向阀手柄，使活塞在料缸下端，然后将拌匀的肉料倒入料缸内，将机盖对正并旋紧压紧装置。本机可通过更换出肉管径来适应直径不同的肠衣或粗细不同的肉糜，换管时只要将球阀关闭就可以进行。当肠衣套在出管口，即将换向手柄转到使活塞向上的位置，打开出肉口的球阀即可进行灌肠。这种灌肠机的缺点是不能大批连续作业，开闭缸盖比较麻烦。

目前已生产出新型灌肠机，能连续作业。该机装有一个料斗和一个叶片式连续泵或双螺旋泵。为了排除肉馅中的空气，还装有真空泵，特别适合加工肉糜和粗末。同时，配有称量、打结设施以及裁断装置。

三、成品加工设备

(一)蒸煮设备

1. 普通铁锅 传统方法煮制五香卤兔肉、酱香兔肉等酱卤制品和灌肠制品等都是用一般的大铁锅，这样的设备煮制产品时，不能控制温度，全凭经验掌握火候，只适合小规模生产使用。

2. 不锈钢无盖长方体槽式蒸煮设备 这种设备具有结构简单、操作方便、工作效率高、费用低等优点。主体是由不锈钢加工而成的长方体槽，大小视生产规模而定，箱体内通蒸汽热管，外接排放水阀。使用时加适量水，控制好蒸汽进气阀，把水加热到适宜温度，再把待加工的产品放入锅中，适当掌握水温和煮制时间，待产品中心温度达到68℃以上时，即为成熟。

3. 夹层锅 这种锅也是由不锈钢材料制成的，可以用来煮制各种肉制品。有固定式和可倾斜式 2 种，最常用的为半球形夹层锅(图 7-3)。

可倾斜式夹层锅主要由锅体、进气管、排气阀、冷凝水排出阀、压力表、倾倒装置和排出阀等组成。锅体是一个由半球形与圆柱形壳体焊接而成的容器，可以用普通钢板制成。内、外壁用焊接的方法结合在一起，非常严密。

倾倒装置是专为出料设置的，常用于煮制固态物料时的出料，当煮制液态物料时，通过锅底的出料管出料更为方便。倾倒装置包括 1 对具有手轮的涡轮、涡杆，涡轮与轴径固接，当摇动手轮时，可将锅体倾倒和复原。

(二)蒸汽式烘烤炉 蒸汽式烘烤炉，主要是依靠加热器加热空

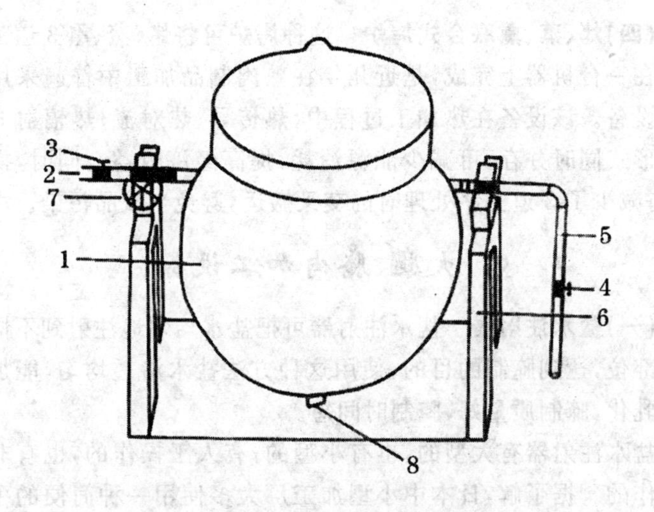

图 7-3　半球形夹层蒸汽锅

1. 锅体　2. 进气管　3. 进气管阀　4. 排气管阀
5. 排气管　6. 支撑架　7. 倾斜操作盘　8. 排水管

气，再由引风机将热空气吹入炉体内烘烤肉制品。主要组成部分有引风电机、蒸汽压力表、离心风机、排风扇、温度表、炉体、加热器等。

(三)烟熏室

1. 直接烟熏室　小型的作坊式生产多采用这种方法。即用一口大铁锅，将新鲜干阔叶树锯末拌上红糖放在锅底，锅上部放一铁箅，铁箅上码放待熏的兔肉制品，盖严锅盖，锅下烧火使锯末和红糖处于干糊状态而生烟，以此熏制兔产品。

2. 连续式烟熏室　这种烟熏室适用于大型生产厂家，室内装有连续加工系统，可以连续生产，每小时生产能力可达 1.5 吨以上。烟熏室装有熏烟发生器，用电将木屑点燃，稳定地提供空气，使木屑在圆形炉栅上焖烧，圆形炉栅还装有搅动器，可不断地清除焖烧过的木屑灰。产生的熏烟通过管道进入烟熏室。这种烟熏室还附设烟气洗涤设备，可以代替人工清洗。

(四)烤、蒸、熏联合式烤炉 这种烤炉可将烤、蒸、熏3道工序结合在一台机器上完成，是近几年在熟肉制品加工中普遍采用的加工设备。该设备在热加工过程中，热传导、热对流、热辐射3种传热形式同时并存，可减少能源消耗，提高经济效益。同时，操作方便，减少了3道工序处理时的交叉搬运，避免半成品污染。

四、火腿、腌肉加工设备

(一)盐水注射器 盐水注射器可把盐水均匀地注射到不同的兔肉部位，达到腌制的目的，使用这种方法盐水渗透均匀，能加速肉质乳化，腌制质量好，腌制时间短。

盐水注射器有大型的，也有小型的；有人工操作的，也有非人工操作的。据了解，日本中小型加工厂大多使用一种简便的手压式盐水注射器。这种盐水注射器外形很像自行车用的打气筒，注射器主体是盐水缸，用胶皮管引出接头，操作时手压注射器的手柄，使盐水通过胶皮管和针头，注入肉块内。这种注射器的优点是使用方便，可随时移动。但只有一个针头，效率低。现在国外已经研制出了自动化盐水注射器，装有8个针头，一次能注射生肉13.4千克，全机总重180千克。

(二)按摩机 实际上就是腌肉机，与盐水注射器配合，能加快盐水的渗透。因为盐水注入肉中后，由于受肌纤维和血管的影响，不能迅速扩散而被吸收，但经过反复揉搓的肉变得松弛，可加快盐水扩散使其腌渍均匀，按摩机一般有以下2种类型。

1. 滚筒式按摩机 其外形好似卧式洗衣机筒，筒内装有经盐水注射后待按摩的兔肉，由于滚筒的转动，肉在筒内上下往返翻动，使肉相互撞击，从而达到按摩的目的。

2. 搅拌式按摩机 有些像搅拌机。它的筒体也是卧式的，但不能转动。筒内装有一根能转动的翅叶，使肉在筒内上下滚动，相互摩擦而变得松软，有利于盐水在肉内均匀分布。

(三)成形机 火腿成形机实际上是一种定形包装容器，通常为圆形或方形，用铝合金铸成。外形像铁筒或铁盒，机盖与机身部分设有紧固螺栓，使用时将机身洗刷干净，然后按机身大小垫一层白布便于脱模，再装入肉制品的调和物，压紧盖子，经煮制后就可以入库冷却成形。这种冷却容器很坚固，除用于火腿成形外，也用于午餐肉的成形。

第二节　兔皮鞣制设备

毛皮鞣制早期均为手工操作，效率较低。如在揭去里肉工序中，就要工人一张一张地揭，速度很慢。随着技术的进步，在毛皮鞣制方面很多工序实现了机械化，它们可以代替笨重、效率很低的体力劳动，同时产品质量大幅度提高。因此，现在的毛皮加工企业为了提高毛皮鞣制的成品率和工作效率，都使用了必要的加工设备。

一、去肉机

去肉机是在生皮浸水加软过程中，将皮板面上的浮油、皮下层脂肪削除的机器，同时使纤维松散，加快回软。

去肉机一般背后带有磨刀砂轮。在生皮浸水还不充分、生皮四边还呈卷缩状态下，不宜用快刀刃，防止刮破。一般加工兔皮时，用 1 200 毫米工作面即可以(图 7-4)。

二、鞣制、染色转鼓

(一)悬挂式转鼓　是用木材制成的，用来加工生皮，主要是使皮与化学溶液一起在转鼓内搅拌均匀，产生化学作用，代替捞皮、捣皮、踩皮等笨重劳动。木材具有耐稀酸、稀碱和保温作用，价格也较低廉，虽然已沿用几十年，但目前仍没有先进的设备代替。现已发展到毛皮加工转鼓化，不仅用于鞣制，在浸水、浸碱、染色、加脂、甩软等加工工序中也普遍采用，用途很广。一般直径为 2.5 米、宽为 1.8～2 米的规格比较实用(图 7-5)。

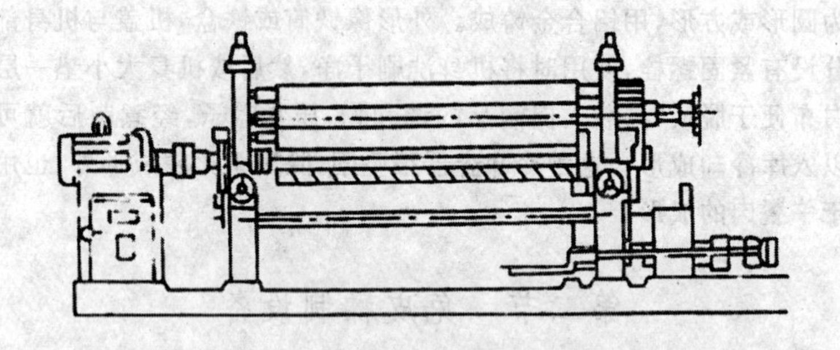

图 7-4 去肉机

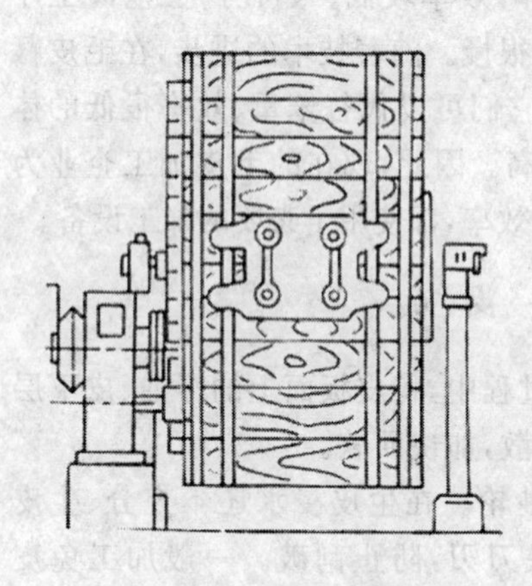

图 7-5 悬挂式转鼓

(二)倾斜式转鼓 是仿照水泥搅拌器的原理制成的,优点是皮张装卸方便,容积大,装载多,节省水。缺点是不能保温,用不锈钢材料制造价格高(图 7-6)。

(三)分格式转鼓 又称星形转鼓,特点是比普通转鼓装载量大 1 倍,还可以设计安装自动控制系统,常用于浸水、浸碱、鞣制和染色工序(图 7-7)。

(四)划槽 在浸水、鞣制、染色工序均可采用划槽。其优点是用划板搅动液面,搅动作用比较缓和,使毛皮在加工中毛被不致因搅动而造成打毡、打辫和绞卷,而且控制和检查较为方便。一般可用木材或耐酸水泥材料制作划槽,容积为 5～7 米^3,用木材制作划板,并设计在轨道上能移动的划板,可以多槽使用,5～7 米^3 的划槽划板可用 2 千瓦左右功率的电动机带动(图 7-8)。

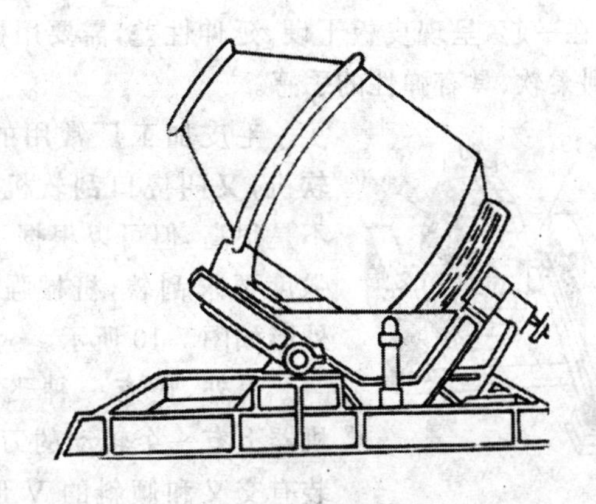

图 7-6　倾斜式转鼓

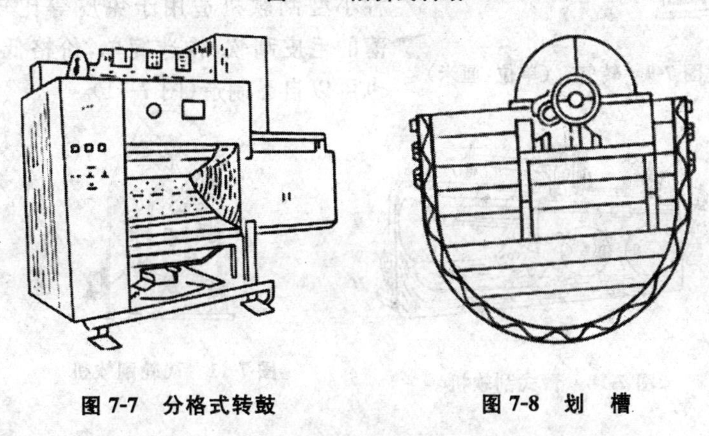

图 7-7　分格式转鼓　　　　图 7-8　划　槽

三、转　笼

直径多为 200 厘米，由圆木板拼制而成，内衬宽度为 60 厘米左右的铁丝网，用以除灰。里面加 7 道横掌，厚 12 厘米、宽 6 厘米。转速为 25～28 转/分，用马达提供动力(图 7-9)。

四、刮软机

刮软机是松散毛皮纤维的机械。毛皮鞣制、染色、加脂以后，皮纤维黏结在一起，呈现皮板干硬、延伸性差，需要用机械加以松散，使其达到柔软、具有弹性的手感。

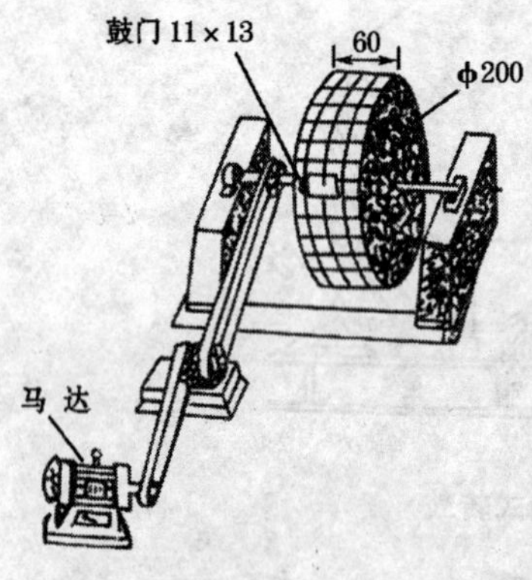

图 7-9 转笼 （单位：厘米）

毛皮加工厂常用的有臂式刮软机，又叫虎口刮软机，生产效率不是很高，但可以根据不同部位和强度要求刮软，机械强度比较高，外形如图 7-10 所示。

另外，还有一种飞轮刮软机。机器上有一个转动的刀轮，轮缘上装有交叉和倾斜的 V 形刀片。此种小型刮软机适用于兔皮等比较薄的毛皮刮软，构造简单，价格低，也可以自己制造(图 7-11)。

图 7-10 臂式刮软机

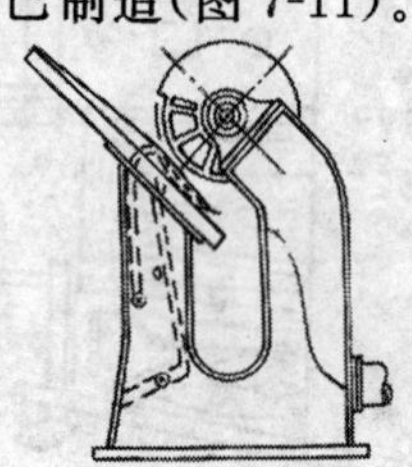

图 7-11 飞轮刮软机

参考文献

[1] 宋仁侠．毛皮加工技术．郑州:河南科学技术出版社,1987.

[2] 刘玺．畜禽肉类加工技术．郑州:河南科学技术出版社,1987.

[3] 骆鸣汉．毛皮工艺学．成都:四川大学出版社,1997.

[4] 万遂如．科学养兔指南．北京:金盾出版社,2000.

[5] 向前．兔产品加工技术．郑州:中原农民出版社,2002.

[6] 王丽哲．兔产品加工新技术．北京:中国农业出版社,2002.